サイト・サーバ
管理者のための

削除・開示請求

法的対策マニュアル

弁護士 渡辺泰央 [著]
Watanabe Yasuhiro

中央経済社

は じ め に

　2000年代以降，インターネットは大きな広がりをみせました。その結果，電子掲示板に書き込みをしたり，ブログ記事を書いたり，写真や動画をSNSに投稿することは，ごくあたりまえのこととなりました。誰もが情報を広く発信できるようになったわけです。

　このようなインターネットの普及に伴い，名誉毀損・プライバシー権侵害などのトラブルの発生件数も大幅に増加してしまいました。情報発信の手軽さに加え，インターネットが匿名であることもその一因であると考えられます。近年では，情報の発信者と被害者との間で，損害賠償や刑事告訴などの法的トラブルに発展するケースも珍しくありません。

　こうしたインターネット上の法的トラブルには，大きな特徴があります。それは，情報の発信者と被害者だけで完結する問題ではないということです。インターネットでの情報発信は，多くの場合，他者の設備やサービスを利用しています。ホームページを開設する際はレンタルサーバを利用することが多いでしょうし，ブログを始めるときはブログサービスを利用することがほとんどです。意見や口コミなどを電子掲示板に投稿するときも，その掲示板サービスを利用しているといえます。

　そのようなウェブサービス（ウェブサイト）の管理者やサーバの管理者は，通常，インターネット上の情報を直接発信している人ではありません。情報を直接発信しているのはそれらのサービスの利用者（ユーザー）です。しかし，現在の法律の仕組み上，サイト管理者やサーバ管理者に対しても被害者からの法的請求がなされることがあるのです。そして，この対応を誤ってしまうと，サイト管理者・サーバ管理者にも法的リスクが降りかかってくることがあります。

はじめに

　本書は，そのようなインターネット上の法的請求に関し，サイト管理者・サーバ管理者がどのように予防・対応すべきかについて解説するものです。

2017年1月

渡辺　泰央

目　次

はじめに

序　なぜ事前の対策が必要か ……………………………………… 1

1　法的請求を受ける可能性 ………………………………………… 1
2　事後の対応だけではいけないか ………………………………… 2

第1章　基　礎　知　識

1　登場人物 …………………………………………………………… 4

1　発　信　者 ………………………………………………………… 5
2　経由プロバイダ・プロバイダ事業者 …………………………… 5
3　サーバ（サーバ管理者） ………………………………………… 6
4　ウェブサイト（サイト管理者） ………………………………… 6
5　請　求　者 ………………………………………………………… 7

2　どのような法的請求に備える必要があるか
　　（請求の種類） ……………………………………………………… 8

1　削除請求 …………………………………………………………… 8
2　発信者情報開示請求（プロバイダー責任制限法4条） ……… 8
3　損害賠償請求（民法415条，709条，710条） ………………… 9

2

3 請求の手段（手続）はどのようなものか 10

1 任意請求 10
2 裁　判 10
3 請求の種類と手続の関係 11

4 インターネット上で侵害される権利の種類 13

1 名誉権（名誉毀損・信用毀損） 13
2 プライバシー権 14
3 著　作　権 14
4 その他の権利 15

5 サイト・サーバ管理者が法的義務を負う根拠 16

1 削除義務 16
2 情報開示義務 17
3 損害賠償義務 18
　⑴　通常サイト管理者の場合・18
　⑵　投稿型サイトおよびサーバ管理者の場合・18

第2章　予　防　編

1 サイトの種類別，法的リスクと利用規約
（利用契約）規定 22

1 投稿型サイト 22
　⑴　投稿型サイト共通のリスクと利用規約・22
　⑵　口コミサイト・29

⑶　電子掲示板・31

　　⑷　画像投稿サイト・34

　　⑸　動画投稿サイト・37

　　⑹　音楽投稿サイト・39

　　⑺　質問サイト・41

　　⑻　SNS・43

　　⑼　オークションサイト・45

　2　通常サイト ･･ 46

　　⑴　ニュースまとめサイト・46

　　⑵　掲示板・SNSまとめサイト・53

　　⑶　ブログ・自社サイト・56

　　⑷　アフィリエイトサイト・56

　3　サーバ管理者 ･･ 59

② 削除・開示請求対応の事前準備 ･･････････････ 61

　1　削除・開示請求の窓口を設置し，請求の方法（形式）を決める … 61

　2　削除請求書・開示請求書に記載してもらう内容・書式
　　を指定する ･･ 62

　3　添付資料を指定する ･･････････････････････････････････････ 68

　　①　本人確認書類・68

　　②　委任状（代理人による請求の場合）・69

　　③　権利が侵害されたとする理由の有無を判断するための証拠・70

　4　請求者に対する最終的な回答の形式・書式を決める ････････ 71

　5　対応フローを構築しておく ････････････････････････････････ 73

　6　発信者に対する意見照会・意見聴取と回答書の形式・
　　書式を決める ･･ 74

4

第3章　対　応　編

① 請求書が届いたら？──まず確認すべきこと ⋯⋯⋯⋯⋯ 84

1 誰から送られた書類か ⋯⋯⋯⋯⋯⋯⋯⋯⋯⋯⋯⋯⋯⋯ 84

2 請求の種類は？ ⋯⋯⋯⋯⋯⋯⋯⋯⋯⋯⋯⋯⋯⋯⋯⋯⋯ 85

② 削除請求への対応 ⋯⋯⋯⋯⋯⋯⋯⋯⋯⋯⋯⋯⋯⋯⋯⋯⋯ 86

1 投稿型サイト管理者，サーバ管理者 ⋯⋯⋯⋯⋯⋯⋯⋯ 86

① 削除請求の受領・88

② 形式面のチェック・88

③ 発信者に対する照会・90

④ 削除するかしないかの対応・92

⑤ 検討結果を削除請求者に通知・93

2 通常サイト管理者 ⋯⋯⋯⋯⋯⋯⋯⋯⋯⋯⋯⋯⋯⋯⋯⋯ 94

① 削除請求の受領・94

② 形式面のチェック・95

③ 削除するかしないかの対応・95

3 通常サイト管理者がサーバ管理者から照会を受けるケース ⋯⋯ 96

① 照会書の受領・96

② 内容の検討および回答・97

③ 発信者情報開示請求への対応 ⋯⋯⋯⋯⋯⋯⋯⋯⋯⋯⋯ 99

1 投稿型サイト管理者，サーバ管理者 ⋯⋯⋯⋯⋯⋯⋯⋯ 99

① 開示請求の受領・101

② 形式面のチェック・101

③ 発信者情報を保有しているかの確認・105

目　次　5

④　発信者に対する意見聴取・106

⑤　開示するかしないかの対応・107

⑥　対応の結果を請求者に通知・108

2　サーバ管理者または経由プロバイダから照会を受けるケース　⋯⋯ 109

①　意見聴取書の受領・109

②　内容の検討および回答・110

4　損害賠償請求への対応 ⋯⋯⋯⋯⋯⋯⋯⋯⋯⋯⋯⋯⋯⋯⋯⋯ 112

1　通常サイト管理者に対して損害賠償請求がなされるケース ⋯⋯⋯ 112

2　投稿型サイトおよびサーバの管理者に対して損害賠償請求が
なされるケース ⋯⋯⋯⋯⋯⋯⋯⋯⋯⋯⋯⋯⋯⋯⋯⋯⋯⋯⋯⋯⋯⋯ 112

5　裁判への対応 ⋯⋯⋯⋯⋯⋯⋯⋯⋯⋯⋯⋯⋯⋯⋯⋯⋯⋯⋯⋯⋯ 120

1　呼出状が届いたときは ⋯⋯⋯⋯⋯⋯⋯⋯⋯⋯⋯⋯⋯⋯⋯⋯⋯⋯ 120

2　投稿型サイト管理者・サーバ管理者の注意点 ⋯⋯⋯⋯⋯⋯⋯⋯ 120

6　捜査機関への対応 ⋯⋯⋯⋯⋯⋯⋯⋯⋯⋯⋯⋯⋯⋯⋯⋯⋯⋯⋯ 122

1　削除請求への対応 ⋯⋯⋯⋯⋯⋯⋯⋯⋯⋯⋯⋯⋯⋯⋯⋯⋯⋯⋯⋯ 122

2　開示請求（捜査事項関係照会）への対応 ⋯⋯⋯⋯⋯⋯⋯⋯⋯⋯ 123

第4章　判　断　編

1　削除請求と開示請求の判断方法の違い ⋯⋯⋯⋯⋯⋯⋯⋯ 126

2　名誉毀損・信用毀損 ⋯⋯⋯⋯⋯⋯⋯⋯⋯⋯⋯⋯⋯⋯⋯⋯⋯ 128

1　特定性（同定可能性）が認められるか ⋯⋯⋯⋯⋯⋯⋯⋯⋯⋯⋯ 129

⑴　基本的な考え方・129

⑵　前後の文脈も考慮要素になる・131

⑶　ペンネーム，芸名，源氏名についてはどうか・132

2　社会的評価を低下させるといえるか ………………………… 132

⑴　基本的な考え方・132

⑵　具体例・133

3　違法性阻却事由（正当化自由）はあるか ……………………… 134

⑴　認められる要件・134

⑵　違法性阻却事由が問題になるケース・136

③　プライバシー権侵害 …………………………………… 139

1　特定性（同定可能性）が認められるか ………………………… 140

2　プライバシー侵害の3要件が認められるか ………………… 140

3　違法性阻却事由（正当化事由）はあるか …………………… 142

④　著作権侵害 ………………………………………………… 143

1　「著作物」といえるか ……………………………………… 145

⑴　基本的な考え方・145

⑵　「ありふれた表現」に著作権は認められない・145

⑶　内容・アイデアが同じだけでは著作権侵害にならない・146

2　請求者が「著作権者」であるか ………………………… 148

⑴　作品を作った人に著作権があるのが原則・148

⑵　「職務著作」には注意・149

⑶　著作権が譲渡されることもある・150

3　著作権を侵害する行為がなされているといえるか ……………… 152

⑴　複製・153

⑵　自動公衆送信（送信可能化）・154

目　次　7

⑶　二次的著作物の作成（翻訳，翻案など）・155

4　著作権が制限される場面にあたるか ·············· 155

⑴　引用（著作権法32条1項）・157

⑵　付随対象著作物の利用（いわゆる「写り込み」著作権法30条の2）・158

⑶　私的使用（著作権法30条）のための複製はどうか・159

⑷　営利目的でないという主張は通るか・160

5　その他の権利侵害・侵害行為 ·············· 162

1　名誉感情侵害（侮辱行為） ·············· 162

2　営業妨害・業務妨害 ·············· 163

3　氏名権（名称権）侵害 ·············· 163

4　肖像権侵害 ·············· 164

5　パブリシティ権侵害 ·············· 166

6　商標権侵害 ·············· 166

⑴　商標としての登録があること・167

⑵　商標権侵害になるような使用方法であること・167

⑶　商標が同一または類似であり，かつ，商品・サービスが同一
　　または類似であること・169

⑷　商標権侵害を阻却する事由があるかどうか・170

7　不正競争防止法違反 ·············· 170

⑴　混同惹起行為・著名表示冒用行為・171

⑵　営業秘密侵害行為・171

8　アイデンティティ権侵害（なりすまし行為） ·············· 172

⑴　典型的なケース・173

⑵　氏名・顔写真を使用していないケース・174

⑶　投稿内容に問題がないケース・175

文例

1　名誉・信用毀損の禁止・23

2　削除権限・24

3-1　著作権（著作権が留保されるパターン）・25

3-2　著作権（著作権が移転されるパターン）・26

3-3　著作権（著作権の利用を許諾するパターン）・26

4-1　免責規定（無料サービスの場合の一例）・27

4-2　免責規定（有料サービスの場合の一例）・28

5　通信の秘密・28

6　保証の否認・30

7　非侵害の保証・35

書式

1　テレサ協・削除請求書（名誉毀損・プライバシー）・63

2　テレサ協・発信者情報開示請求書・65

3-1　通知書（開示するケース）・71

3-2　通知書（開示しないケース）・72

4　削除請求についての意見照会書（名誉毀損・プライバシー）・75

5　削除請求についての回答書（名誉毀損・プライバシー）・77

6　開示請求についての意見照会書・78

7　開示請求についての回答書・80

Point

♯1　手続選択とサイト・サーバ管理者の責任・12

♯2　氏名（名称）権についてはどう考える？・31

♯3　コピペやURLの投稿は違法にあたる？・32

♯4　二次創作はどう考える？・36

目　次　9

♯5　児童ポルノ等については十分注意が必要・36

♯6　MADやゲーム実況プレイ動画などはどう扱う？・38

♯7　著作権の切れた音楽は自由に利用できる？・40

♯8　弁護士法との関係・42

♯9　「シェア」について・44

♯10　名誉・プライバシー権侵害について・52

♯11　キュレーションサイトの問題点・53

♯12　投稿と著作権・54

♯13　"炎上"した事件のまとめ・55

♯14　商標権（ないし不正競争防止法）には注意・56

♯15　ステマ（ステルスマーケティング）は許される？・58

♯16　著作権の管理について・70

♯17　東京地方裁判所民事第9部の運用について・84

♯18　投稿用（接続先）URL・105

♯19　投稿型サイト・サーバ管理者の刑事責任・123

♯20　無許諾の二次創作に著作権は認められる？・147

♯21　著作権者以外からの請求パターン・150

♯22　リベンジポルノについて・165

凡　例

〔判例関係の略語〕

最（1小／2小）判：最高裁判所（第1小法廷／第2小法廷）判決

高判：高等裁判所判決

知財高判：知的財産高等裁判所判決

地判：地方裁判所判決

民集：最高裁判所民事判例集

判時：判例時報

判タ：判例タイムズ

序 なぜ事前の対策が必要か

1 法的請求を受ける可能性

　法律トラブルは，誰かの権利・利益が侵害（権利侵害）されたときに発生します。そして，この権利侵害というものは，"情報の発信"という形でも起こることがあります。新聞や雑誌，書籍などのメディアが人の名誉を傷つけたり（名誉毀損）プライバシーを侵害したりするような事件は，インターネットの普及以前からもありました。

　情報の発信によって名誉毀損やプライバシー権侵害が起きたとき，その「加害者」とされるのは，その情報を発信した人（発信者）です。新聞や雑誌，書籍などで名誉毀損・プライバシー権侵害がなされたときは，加害者（発信者）は新聞社，出版社，著者ということになるでしょう。しかしながら，インターネット上では少し事情が違ってきます。それは，発信者が誰かわからないことが多いということです。インターネットには匿名性があるからです。

　発信者が誰かわかっていれば，被害者はその者に対してただちに法的措置をとることができます。しかし，匿名で情報が発信されたとき，被害者はこれができません。

　もっとも，匿名で情報が発信された場合であっても，被害者には法的請求をとる途が残されています。権利侵害の情報を掲載しているサイトやサーバの管理者に対して法的請求を行うという方法です。これは主にプロバイダ責任制限法[1]に基づくものですが，この方法によれば，権利を侵害するような情報を削

1　この法律の正式名称は「特定電気通信役務提供者の損害賠償責任の制限及び発信者情報の開示に関する法律」といいます。本書では，プロバイダ責任制限法と表記します。

除したり，発信者を特定したりすることが可能になります。これらは，情報の発信者でないウェブサイトやサーバの管理者に対しても行われるものですから，つまり裏を返せば"すべてのサイト・サーバ管理者が法的請求を受ける可能性がある"ということを意味します。

2　事後の対応だけではいけないか

　"自分のところに法的請求がくるとは限らないし，万が一，法的請求がきたらそのとき考えればよいのではないか"と考えている方も少なからず見受けられます。しかし，サイト・サーバ管理者が法的責任を負うケースは，法的請求がなされたときの対応が不適切であったか，または対応が遅すぎた場合がほとんどです。法的請求がきたときに１から対応を検討していたのでは，迅速に対応することができませんし，対応を誤る可能性もあります。サイト・サーバ管理者に対して法的請求がなされたとき，決定的に重要なのが適切かつ迅速な対応です。それらの請求に備え，事前に体制を整備しておくことが必要です。

　また，被害者（とされる人）の請求に漫然と応じることにも注意が必要です。安易に情報を削除したり個人情報を開示したりしてしまうと，サイトのコンテンツが減少し魅力的なサイトではなくなりますし，個人情報の開示を恐れてユーザーが寄り付かなくなってしまいます。なにより，表現の自由やプライバシー権を侵害されたとして，今度はサイト利用者（ユーザー）から法的請求がなされる可能性まであります。このような状況を避けるため，利用規約（利用契約）などの整備もしておかなければなりません。

　これらの理由から，サイト・サーバ管理者が法的請求について事前の対策を講じておくことは必須ということができます。

第1章

基 礎 知 識

　第1章では，削除・開示請求を検討するにあたっての基礎知識を解説します。インターネットに関連する法的請求は複雑ですが，全体を整理することによって，検討課題が明確になります。

1　登場人物

2　どのような法的請求に備える必要があるか（請求の種類）

3　請求の手段（手続）はどのようなものか

4　インターネット上で侵害される権利の種類

5　サイト・サーバ管理者が法的義務を負う根拠

4　第1章　基礎知識

 登場人物

　インターネットに関連した法的請求がなされる場面では，通常の場合とは違い，多くの者が関与します。そのため，対策を考えるにあたっては，まずは関与する"登場人物"を整理し，全体を理解することが重要です。

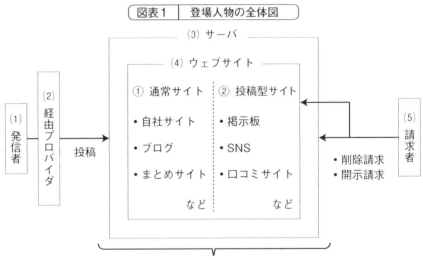

図表1　登場人物の全体図

※(3)と(4)をあわせて「コンテンツプロバイダ」ともよびます

1 発信者[1]

インターネット上で情報を発信した人です。電子掲示板に書き込みをしたり，口コミやレビューを投稿したりした人が典型ですが，それ以外にも，イラスト，写真，音楽，動画などを投稿（アップロード）した人，ブログ記事を投稿した人，「Twitter」でツイートした人，公式サイトを公開した人なども「発信者」に該当します（これらによってサイト上に掲載された情報は「コンテンツ」ともよばれます）。

インターネットに関連する法的請求は，情報の公開・流通によって権利が侵害されたことを理由としてなされるものです。そのため，発信者はいわば「加害者」的な立場として把握されることになります。

2 経由プロバイダ・プロバイダ事業者

発信者は普通，経由プロバイダを通じてインターネットにアクセスします。接続プロバイダ，インターネットサービスプロバイダ（ISP）などとよばれることもあります。発信者が携帯電話・スマートフォンを利用した場合はNTTドコモやKDDIなどが経由プロバイダとなり，自宅PCや会社PCを利用した場合はNTTコミュニケーションズやニフティなどが経由プロバイダとなります。

---

1 法律上は，「発信者」を「特定電気通信役務提供者の用いる特定電気通信設備の記録媒体（当該記録媒体に記録された情報が不特定の者に送信されるものに限る。）に情報を記録し，又は当該特定電気通信設備の送信装置（当該送信装置に入力された情報が不特定の者に送信されるものに限る。）に情報を入力した者」と定義しています（プロバイダ責任制限法2条4号）。

3 サーバ (サーバ管理者)

インターネット上に情報を公開するためには，インターネットにつながっているサーバが必要です。このサーバを管理する者がサーバ管理者です。

サーバ管理者とサイト管理者が一致する場合（サイト管理者が自前のサーバを管理使用しているケース）もありますが，一致しない場合（第三者のサーバをレンタルしてサイトを公開しているケース）も多いでしょう。後者の場合でも，サーバ管理者に対して法的請求がなされることがあります。

4 ウェブサイト (サイト管理者)

インターネット上の法的請求を考えるにあたっては，ウェブサイトは2種類に分けて考えます。

(1) 通常サイト (サイト管理者＝発信者)

サイトを管理者が自身で情報を発信している場合です。後述(2)の投稿型サイト以外のサイトは基本的にこれにあたります。自社ホームページや，自身で管理運営するブログが典型例です[2]。

(2) 投稿型サイト (サイト管理者≠発信者)

サイトの利用者（ユーザー）が文章，画像，動画などを投稿するサイト（本書では「投稿型サイト」といいます）がこれにあたります。電子掲示板や口コミサイト，レビューサイト，SNSなどが代表例です。サイトの利用者が情報（コンテンツ）の発信者で，サイト管理者はいわば情報発信の場所を提供するサー

2 　ただし，自身のブログやホームページ上で閲覧者のコメントなどを受け付けている場合で，そのコメントを対象として削除・開示請求がなされる場合，そのコメントに関係する限りで(2)の立場に立ちます。

ビスを運営している場合です。

　なお，情報発信の場所を提供するという意味では，投稿型サイトはレンタルサーバと同じです。そのため，プロバイダ責任制限法上，投稿型サイトの管理者とレンタルサーバの管理者はほとんど同じ扱いとなっています[3]。

5　請　求　者

　インターネット上の法的請求を行う人です。掲載された情報が何らかの権利を侵害するものである場合，この人はいわば「被害者」です。

　後述しますが，この「請求者」となり得るのは，基本的に，情報が発信によって被害を受けた本人です。それ以外の人，たとえば家族や友達，会社の上司などはこの「請求者」になることはできません。

3　プロバイダ責任制限法は，この場合のレンタルサーバの管理者と，投稿型サイト管理者および経由プロバイダをあわせて「特定電気通信役務提供者」とよんでいます（2条3号）。

8 第1章 基礎知識

2 どのような請求に備える必要があるか（請求の種類）

1 削除請求[4]

　インターネット上の法的請求のうち，最も多いと思われるのがこの削除請求です。権利を侵害するような文章，画像，動画などの情報（コンテンツ）をインターネット上から削除するよう請求するものです。すべてのサイト・サーバ管理者がこの請求を受ける可能性があります。

2 発信者情報開示請求（プロバイダ責任制限法4条）

　サイト・サーバ管理者がもつ発信者に関する情報の開示を請求するのが，この発信者情報開示請求です。

　この開示請求は，投稿型サイトの管理者，サーバ管理者および経由プロバイダに対してなされるものです。つまり，通常サイトに対してはこの請求はなされません[5]。匿名で情報発信がなされたとき，被害者が発信者の特定をするために，このような請求を行うのです。

4　情報（コンテンツ）を削除することを，法的には「送信防止措置」といいます（プロバイダ責任制限法3条2項2号）。

5　通常サイトの場合は，そのサイト上にある記載（運営者を紹介するページなど）からサイト管理者（＝発信者）を特定できることが多く，これによって発信者を特定することができます。もっとも，サイト上にサイト管理者の情報が書かれていない場合もあります。この場合は，そのままでは発信者の特定ができませんから，そのサイトのサーバを管理している者に対して開示請求がなされることがあります。

3 損害賠償請求（民法415条，709，710条）

　サイト・サーバ管理者は，損害賠償請求を受けることもあります。しかも，この損害賠償請求を行うのは，被害者（削除・開示請求を行う者）だけではありません。サイト・サーバの利用者からも損害賠償請求を受けることがあります。

　この損害賠償請求の根拠については後述しますが，サイト・サーバ管理者は，被害者と利用者の板挟みの状況になることがあります。本書の第2章および第3章で説明している対策は，この損害賠償請求のリスクの排除を目的としていると考えてください。

3 請求の手段（手続）はどのようなものか

　法的請求が可能な場合でも，その手段（手続）は大きく分けて2種類あります。「任意請求」と「裁判」です。

1 任意請求

　後述「2　裁判」以外の方法は，すべてこの任意請求です。裁判外の請求ともよばれます。手紙・書類を郵送する方法やメールフォームからの申請などがこの任意請求にあたります。弁護士などが被害者を代理してこの任意請求を行うこともありますが，裁判所を経由せずになされるものはすべて任意請求と考えて差支えありません。

　この任意請求には法的な強制力はありませんから，この請求に従わなかったからといって強制執行を受けるということはありません。しかし，任意請求への対応に被害者が納得しなければ裁判に発展することがありますし，不誠実な対応をすることは，サイト・サーバ管理者自身の損害賠償責任の根拠になることがあります。

2 裁判

　裁判所の手続を利用する方法です。「裁判」といっても種類があり，削除・開示請求の場面で利用されるのは「訴訟」と「仮処分」が一般的です。これら裁判には法的な強制力がありますから，これに対応しなければ不利な判断をされることがありますし，裁判所の命令に従わなければ強制執行がなされることもあります。

3 請求の種類と手続の関係

　請求の種類と方法には，ある程度の関連性があります。

　任意請求の手続でなされるのは，削除請求が多いでしょう。開示請求もこの任意請求でなされることがありますが，任意請求で開示すべき場面は多くはありません[6]。

　裁判のうち「仮処分」の手続がとられるのは，削除請求と，開示請求のうちIPアドレスなど[7]の開示を求める場合です。一方，「訴訟」の手続がとられるのは，開示請求のうち発信者の氏名・名称や住所など[8]の開示を求める場合です[9] [10]。

6　総務省「特定電気通信役務提供者の損害賠償責任の制限及び発信者情報の開示に関する法律─解説─」（2016年）25頁は，「プロバイダ等が任意に開示した場合，要件判断を誤ったときには，通信の秘密侵害罪を構成する場合があるほか，発信者からの責任追及を受けることにもなるので，裁判所の判断に基づく場合以外に開示を行うケースは例外的であろう」としています。

7　一般的に，仮処分での開示請求の対象となるのは，発信者に関する次の情報です。
　・問題となっている投稿のIPアドレス，およびそのIPアドレスと組み合わされたポート番号
　・携帯電話等の契約者固有ID
　・携帯電話等のSIMカード識別番号
　・問題となっている投稿のタイムスタンプ（投稿の日時）

8　一般的に，訴訟で開示請求の対象とされるのは，発信者に関する次の情報です。
　・発信者等の氏名または名称
　・発信者等の住所
　・発信者のメールアドレス

9　仮処分はあくまで"仮の"手続であって，発信者の氏名や住所の開示請求は訴訟で行うべきものと一般的に考えられています。そのため，氏名や住所などの開示請求は，仮処分では認められ難いというのが現状です。

10　削除請求も訴訟で行われることもありますが，削除請求は仮処分で目的を達成できることも多いため，仮処分で行われるほうが多いと思われます。

12 第1章 基礎知識

図表2 請求の種類と手続の関係

	削除請求	開示請求（IPアドレス，タイムスタンプなど）	開示請求（発信者の氏名・名称，住所など）
任意請求	○	△	△
裁判（仮処分）	○	○	×
裁判（訴訟）	△	×	○

Point ＃1 手続選択とサイト・サーバ管理者の責任 　Ｑ

　請求の種類と手続にはある程度の関連性はありますが，どのような手続をとるか（手続選択）の責任は請求者側にあります。

　たとえば，「訴訟」の手続で削除請求がなされた場合，「仮処分」によるよりも裁判所の判断が出るまでに時間がかかることがありますが，それについては請求者の責任となるのが原則です。また，IPアドレス等の開示請求が「訴訟」によってなされた場合，裁判所の判断が出るまでにアクセスログの保存期間が経過してしまい，記録が消えてしまうことも考えられます。後述⑤－2のとおり，サイト・サーバ管理者にアクセスログを保存しておく義務はありませんから，これによって最終的に発信者が特定できないという状況になったとしても，やはり請求者の責任になるのが原則です。サイト・サーバ側が請求者に対して適切な手続選択を伝える義務はありません。

　もっとも，"削除を求めて「訴訟」を起こしている以上，違法な情報が流通していたことは十分認識していたにもかかわらず，そのような情報を長期間放置した"とか"時間が経過すればアクセスログが消えてしまうということを認識しながら，開示の対象となっているIPアドレス等について何らの対応もせず，発信者の特定ができなくなるという事態を生じさせた"などというクレームが請求者から出ることは十分考えられます。無用なクレームの発生を避けるという意味では，法律上の義務にかかわらず，（特に「訴訟」が起こされたときは裁判所と協議しながら）柔軟な対応をとっていくことが円滑なサイト・サーバの運営につながると思われます。

4 インターネット上で侵害される権利の種類

　インターネット上で情報発信がなされることで侵害される権利というものはある程度決まっています。代表的な権利侵害には，次のものがあります（なお，権利侵害があるかどうかの判断方法については，第4章を参照してください）。

1　名誉権（名誉毀損，信用毀損）

　「名誉」という言葉はさまざまな意味に使われるものですが，ここでは「社会がその人に対して与える評価」と考えるのが良いでしょう。よく"インターネット上の誹謗中傷"などといわれることがありますが，そのうちの多くは，インターネット上での名誉毀損と言い換えることができます。

　名誉を毀損されたとき，被害者は加害者（発信者）に対して損害賠償を請求することができるほか，名誉を毀損する行為をやめる（差し止める）よう請求することができます[11]。名誉を毀損するような情報を掲載し続けることも名誉を毀損する行為であって，その行為の差止めとは削除を意味しますから，このような根拠で，被害者は法律上削除の請求ができると考えられているのです[12]。

　なお，企業や事業者のサービス・商品についての誹謗中傷は，その企業や事

---

[11] 最判昭和61年6月11日民集40巻4号872頁（北方ジャーナル事件）。
[12] なお，名誉毀損については，法律上の条文の根拠はありません。名誉毀損の条文として，刑法230条があげられることがありますが，これは刑事に関する条文です。削除請求も発信者情報開示請求も民事に関するものですから，直接の根拠になるわけではありません。しかし，両者は考え方が共通する部分も多いものです。また，法律の条文がない場合でも，対応しなければ違法と判断されてしまいますので，条文がないからといって対応できないとすることは控えましょう。

14　第1章　基礎知識

業者の信用を毀損するものといえます。厳密には名誉毀損とは違う概念ですが，削除・開示請求の場面では同じようなものと考えて差支えありません。

2　プライバシー権侵害

「プライバシー」もさまざまな意味で使われますが，ここでは「他人の関与を受けない私生活のことがら」程度の意味と考えましょう。私生活を勝手に公開したりすることは，プライバシー権を侵害すると判断されることがあります[13]。

プライバシー権侵害がなされたときも，名誉毀損の場合と同様，被害者は加害者に対して損害賠償を請求できるほか，プライバシー権を侵害する行為の差止めを請求することができます[14]。

3　著作権侵害

インターネットは，デジタルデータのやりとりを行う手段です。そして，デジタルデータとなった文章や画像，音楽，動画などは簡単にコピーすることができます。そのため，コピーしたデータが著作権の認められるもの（著作物）である場合，著作権侵害が成立することがあります[15]。

著作権侵害がなされたときも，加害者に対する侵害行為の差止め（著作権法112条1項）と損害賠償を請求することができます。

13　プライバシー権も解釈上認められるに至ったもので，法律上の条文の根拠はありません。

14　最判平成14年9月24日判時1802号60頁（石に泳ぐ魚事件）。

15　正確にいうと，著作物を無断でコピーする行為は「複製権」（著作権法21条）の侵害に該当します。また，著作物をインターネット上に無断で公開する行為は「公衆送信権」ないし「送信可能化権」（著作権法23条1項）を侵害します。

4 その他の権利

　ネット上での情報発信によって侵害される権利として代表的なものは上記のとおりですが，これらのほか，名誉感情，営業権（営業妨害），氏名（名称）権，肖像権，パブリシティ権，商標権，営業秘密なども侵害の対象になることがあります。

サイト・サーバ管理者が法的義務を負う根拠

1 削除義務

　サイト・サーバ管理者が削除請求に対応しなければならないのは，法的な削除義務が認められることがあるためです。

　削除請求は，法的には「（侵害行為の）差止請求」にあたるものです。この差止請求は，法律の条文に記載があることがあります。たとえば，著作権侵害については著作権法112条に規定がありますし，商標権侵害については商標法36条，営業秘密の侵害については不正競争防止法3条等にそれぞれ明記されています。

　「差止請求」が認められるのは，法律の条文に記載があるものだけではありません。解釈上認められるに至ったものもあります。代表的なものが「人格権に基づく妨害排除請求（ないし妨害予防請求）としての差止請求」です。名誉権やプライバシー権はこの「人格権」に該当するものですから，これらが侵害されたとき，削除を請求することができると考えられているのです。法律の条文に書かれているものではありませんが，だからといって請求に根拠がないというわけではありませんので注意しましょう。

　この差止請求は，本来発信者に対して行うべきものです。しかし，匿名で情報発信がなされている場合など，発信者に対してこれを行うことができない場合もあります。また，サイト・サーバ管理者は，自身が発信者でない場合であっても，ほとんどのケースで，そのサイト・サーバから情報（コンテンツ）を削除することが技術的に可能です。概ねこのような理由から，"条理上"，サイト・サーバ管理者にも削除義務が認められると考えられているのです。

もっとも，投稿型サイトおよびサーバの管理者に，違法な情報があるかどうかを定期的に監視するような義務まではないとされています。記録された情報をすべて把握しなければならないとすれば，管理者に過大な負担を課すことになるためです[16]。

いずれにせよ，この差止請求が認められる場合，サイト・サーバ管理者に削除義務があるということになります。この削除義務が認められるにもかかわらず削除対応を適切に行わないときは，法的な義務に違反したとして，後述「3」の損害賠償責任を負うことがあります。

2 情報開示義務

サイト・サーバ管理者の発信情報の開示義務は，プロバイダ責任制限法4条から直接導かれます。プロバイダ責任制限法4条1項の要件があるときは，サイト・サーバ管理者は情報開示義務を負うこととなります。そして，開示義務が認められる場面において適切な開示の対応を行わないときは，やはり後述「3」の損害賠償責任を負うことがあります。

なお，サイト・サーバ管理者が発信者に関する情報（IPアドレスなどのアクセスログ）を「保存」しておく義務があるかどうかですが，基本的にはそのような義務はないと考えられています[17]。もっとも，請求者の保存要請に任意に応じることが禁止されているわけではありません。また，請求者から発信者の情報を消去しないことを求める裁判（仮処分）がなされることもあり，この裁判で消去を禁止するような命令が出た場合には，これに従わなければいけません。

16　総務省「特定電気通信役務提供者の損害賠償責任の制限及び発信者情報の開示に関する法律―解説―」（2016年）11－12頁，プロバイダ責任制限法ガイドライン等検討協議会「プロバイダ責任制限法　名誉毀損・プライバシー関係ガイドライン　第3版補訂版」（2014年）3頁。

17　東京地判平成16年5月18日判タ1160号147頁など。

3 損害賠償義務

この損害賠償義務は，管理するサイト・サーバの種類によって考え方が異なります。

(1) 通常サイト管理者の場合

情報を発信した人は，当然，自身の行為について責任を負います。そのため，サイト管理者が情報の発信者である場合は，情報の発信について直接責任を負うことになります。

この場合，サイト管理者は，自身の情報発信によって権利侵害が発生していないことや，その情報発信が法的に許されることなどを主張・立証できなければ，被害者に対して法的責任を負うことになります。

(2) 投稿型サイトおよびサーバ管理者の場合

a 被害者に対して負う責任

投稿型サイトおよび（レンタル）サーバの管理者は，情報発信の場所を提供しているだけで，直接情報を発信したわけではありません。情報の発信者はそこに投稿した利用者ですから，情報の発信について一義的な責任を負うのはサイトの利用者であって，管理者ではありません。しかし，それにもかかわらず，これらの管理者が法的責任を負うことがあります。それは，管理者として負う法的義務を怠ったと認められる場合です。

この法的義務は，たとえば先述「1」の削除義務があります。削除義務違反を理由とする訴訟は実際にも多く起こされており，損害賠償責任を認める裁判例も現れました。損害賠償額が高くなったものとしては，たとえば東京地判平成14年6月26日（2ちゃんねる動物病院事件）があります。この事件で，裁判所は，サイト管理者に対して合計400万円もの損害賠償の支払いを命じています。

また，近年，発信者情報開示に関連して損害賠償が認められたケース[18]が現れました。詳細は省きますが，保有する発信者情報の取扱いを誤り，被害者が加害者（発信者）を特定できなくなったために，損害賠償が認められたというものです。

このように，自身が発信者でなくとも，法的責任が認められることがあるのです。「サイト上の情報は利用者が投稿したものであって，サイト管理者は一切関係ない」と考えることは控えましょう。

b 発信者（サイト・サーバの利用者）に対して負う責任

投稿型サイトおよびサーバ管理者は，被害者のみならず，サイト・サーバの利用者に対しても法的責任を負う場合があります。

たとえば，被害者の削除請求に簡単に応じて情報を削除してしまうと，それを投稿した利用者の「表現の自由」（憲法21条1項）を侵害したとして，損害賠償（慰謝料）を請求される可能性があります。特にレンタルサーバの管理者は利用者と契約することによって情報発信の場所を提供していますから，無断で利用者の情報を削除することは，債務不履行（民法415条）にあたるとして，やはり損害賠償を請求される可能性があるのです。

また，請求者の開示請求に安易に応じて簡単に情報を開示すると，利用者のプライバシー権を侵害したと認められる場合があります。これによって利用者に対して直接損害賠償責任を負うことになるほか，場合によっては個人情報保護法[19]や電気通信事業法の違反にあたるなどとして，行政上・刑事上のペナルティを受けることもあります。

c 免責を受けられる場面

このように，投稿型サイトおよびサーバの管理者は，削除・開示義務に違反

---

18 東京地判平成27年7月28日。経由プロバイダに関する判断ですが，サイト・サーバ管理者にも妥当すると考えられます。
19 正式名称は「個人情報の保護に関する法律」といいます。

20 第1章 基礎知識

すれば被害者に対して責任を負い，かといって安易に削除・開示をすることは
利用者に対する責任が発生することがあります。つまり，被害者と発信者の板
挟みの状態にあるのです。

　法的請求がなされるたびごとに適切な対応をとることができれば，法的責任
を回避することができます。しかし，その都度1から対応を検討していてはコ
ストが発生してしまいますし，なにより請求がなされるたびにリスクにさらさ
れることになります。そのため，事前に法的リスクを回避できるような体制を
整えておくことが極めて重要です。この方法は大きく2つあります。

　1つは，利用者との契約関係（利用契約や利用規約）を整備することです。
これは，主に利用者に対する法的責任のリスクを回避するものです。法的請求
を受けたときに有効に活用できる利用規約を整備しておくべきでしょう。これ
は，第2章①で説明します。

　もう1つは，プロバイダ責任制限法に基づく免責を受けることです。これは，
利用者と請求者の両方に対する法的責任のリスクを回避するものです[20]。これ
によって免責を受けられる場面は少なくありませんから，投稿型サイトおよび
サーバを管理する人は，この免責制度を最大限活用することが望ましいといえ
ます。ただ，この免責を受けるためには一定の要件がありますから，免責を受
けるための要件を意識した体制をあらかじめ構築しておくことが重要です。こ
れは，第2章②で説明します。

20　プロバイダ責任制限法によって免責を受けられるのは民事上の責任に限られます。刑事
　　上・行政上の責任は免責の対象とはなっていませんので，その点は注意しましょう。

第2章

予 防 編

　本章では削除・開示請求を受けることを想定して，それに起因する損害賠償のリスクを回避するための事前準備の方法を解説します。事前の準備が，実際に請求がなされたときに決定的に役立つことになります。

1　サイトの種類別，法的リスクと利用規約（利用契約）規定

2　削除・開示請求対応の事前準備

22　第2章　予　防　編

1 サイトの種類別，法的リスクと利用規約（利用契約）規定

　ウェブサイト（ウェブサービス）の種類によって，管理者が負う法的リスクはある程度決まってきます。ここでは，サイトの種類によってありがちな法的リスクと，そのリスクを回避するための利用規約（利用契約）規定の例を紹介します。

1　投稿型サイト

(1)　投稿型サイト共通のリスクと利用規約

　投稿型サイトはさまざまな種類がありますが，法的リスクが共通する部分は多くあります。そこで，まずは共通する法的リスクとそれを回避するための利用規約規定をここで解説します[1]。

a　権利を侵害するような行為の禁止
　投稿型サイトにおいては，利用者が他人の権利を侵害するような投稿をすることがあります。このような行為を禁止していなければ，サイト管理者が削除等の対応を行ったときに利用者から「禁止されていなかった」などとしてクレームや損害賠償請求がなされる可能性があります。また，利用規約において

1　なお，一般社団法人テレコムサービス協会が「違法・有害情報への対応等に関する契約約款モデル条項」（http://www.telesa.or.jp/ftp-content/consortium/illegal_info/pdf/The_contract_article_model_Ver11.pdf）を公開していますが，これは主に刑事的に違法なコンテンツへの対処を規定したものです。有用であることは間違いありませんが，必ずしも民事的な責任を回避するために十分なものとはいえません。

禁止していなければ，権利を侵害するような行為を“放置”ないし“許容”したとして，被害者に対する法的責任の理由にされてしまうこともあります。そのため，想定される権利侵害行為は，利用規約において事前に禁止事項として明記しておきましょう➡ 文例1 ）。

文例1 名誉・信用毀損の禁止

第○○条　禁止事項
　本サイトの利用者は，以下の各号のいずれかに該当する行為，又はそのおそれのある行為をしてはいけません。
　(1)　名誉，信用を毀損する行為
　(2)　プライバシー権を侵害する行為
　(3)　侮辱行為，名誉感情を侵害する行為
　(4)　著作権，特許権，実用新案権，商標権，意匠権その他の知的財産権（それらの権利を取得し，又はそれらの権利につき登録等を出願する権利を含む。）を侵害する行為
　(5)　営業・業務を妨害する行為
　(6)　肖像権を侵害する行為
　(7)　パブリシティ権を侵害する行為
　(8)　…
　(××)　その他，第三者の権利・利益を侵害する行為

b　削除権限

　利用規約で禁止したとしても，利用者によって禁止行為がなされることがあります。これに備え，サイト管理者に削除等の権限を認める規定を置いておきましょう。

　このような規定がなくても，サイト管理者が法律上の削除義務を負うときは削除することができます。しかし，そのような義務を負う場面かどうかの判断が難しい場合もあります。また，仮に判断を誤って削除してしまった場合でも，利用規約で規定しておけば，利用者からのクレームに対して「利用者は管理者

24 第2章 予 防 編

による削除があることを承知したうえで投稿したものだ」という反論をすることができます。

　なお，投稿の削除によって，利用者から損害賠償の請求がなされる可能性もあります。そのため，削除等の措置によってもサイト管理者は責任を負わないことも規定しておきます。（➡ **文例2**　）

文例2　削除権限

第○○条　削除権限
　当社は，次に掲げる場合には，違法性又は本利用規約違反の有無にかかわらず，利用者の投稿したコンテンツの全部又は一部の削除，内容の修正又は公開範囲の変更等の措置を行うことができるものとします。当社は，本条に基づき当社が行った措置によって利用者に生じた損害について一切の責任を負いません。
　⑴　公的な機関又は専門家（国，地方公共団体，特定電気通信役務提供者の損害賠償責任の制限及び発信者情報の開示に関する法律のガイドラインに規定された信頼性確認団体，インターネット・ホットライン，弁護士等）から，違法，公序良俗違反又は他人の権利を侵害する等の指摘・意見表明があった場合
　⑵　第三者から権利主張があった場合
　⑶　その他，当社が必要と判断した場合

　c　著作権の取扱い

　文例2　には，「一部の削除」「内容の修正」および「公開範囲の変更」の権限を定めました。これは，サイトのコンテンツをできる限り残すことができるようにしたものです。通常，削除請求は1つの投稿単位でなされるものですが，投稿の一部分を削除・修正すれば権利侵害がなくなるような投稿もあります。そのような場合，権利侵害の部分だけを削除・修正することで，コンテンツ量が減ることを抑えることができるのです。

　しかし，これを行うことは，著作権の問題が生じることがあります。投稿されたコンテンツには著作権が認められることがあるからです。著作権に関して

1　サイトの種類別，法的リスクと利用規約（利用契約）規定　*25*

の詳しい説明は後述（第4章④）しますが，これによる著作権侵害のリスクを
回避するような規定を置いておきましょう。（➡ **文例3−1** ）

文例3−1　著作権（著作権が留保されるパターン）

第○○条　著作権の帰属
　利用者が，本サイトに投稿したコンテンツにかかる著作権は，利用者又は利
用者に利用許諾をした第三者に留保されるものとします。ただし，利用者は，
当社によるコンテンツの全部又は一部の削除，内容の修正又は公開範囲の変更
等の措置につき著作権，著作者人格権は行使しないものとします。

　なお，➡ **文例3−1** は，投稿されたコンテンツの著作権が利用者に留保さ
れることとしています。しかし，サイト側のビジネスの内容的に，投稿された
コンテンツの著作権はすべてサイト側に移転するとしたほうが都合の良い場合
もあります。そのようなときは，著作権を譲り受けるという内容の利用規約規
定にします。（➡ **文例3−2** ）

　ただ，著作権の取扱いに関する利用規約を巡って，過去に"炎上"してし
まった事例[2]もあります。また，特に自作の音楽やイラストを投稿するサイト
においては，著作権の移転を定めてしまうと，それを嫌がって利用者が寄り付
かなくなる可能性もあります。そのため，著作権を譲り受ける内容の規定にす
る際には，自身のビジネスの内容や利用者にとって著作権の譲渡に納得感があ
るかどうかなど，慎重に検討して定めましょう。

　なお，著作権は利用者に留保されるけれども，利用者がサイト側に利用の許
諾をするという形式をとることもできます。（➡ **文例3−3** ）

2　SNSのサービスで，「利用者の投稿した日記についてサイト管理者が無償で自由に利用
　でき，これに対して利用者は著作権のほか著作者人格権も行使できない」とした利用規約
　や，利用者が作成したデザインのシャツをオンラインで購入できるサービスで，「利用者
　から提示されたデザインの著作権は無償でサイト管理者に移転する」とした利用規約が，
　過去に炎上したことがあります。

26 第2章 予 防 編

　いずれにせよ，著作権についてどのような取扱いをするかは，ビジネスの内容を含めケースバイケースの判断になるでしょう。

文例3－2　著作権（著作権が移転されるパターン）

第○○条　著作権の帰属
　利用者が，本サイトに投稿したコンテンツにかかる一切の著作権（著作権法27条および28条の権利を含む。）は，利用者が投稿を行った時点で，当社に無償で譲渡されるものとし，当社および当社から使用許諾を受けた第三者が無制限で利用できるものとします。利用者は，当社および当社から使用許諾を受けた第三者によるコンテンツの利用につき，著作者人格権は行使しないものとします。

文例3－3　著作権（著作権の利用を許諾するパターン）

第○○条　著作権の帰属
　利用者が，本サイトに投稿したコンテンツにかかる一切の著作権は，利用者又は利用者に利用許諾をした第三者に留保されるものとします。ただし，利用者は，当社に対し，かかるコンテンツの国内外における複製，公衆送信，頒布，翻訳，翻案その他あらゆる形態での利用（第三者に対する再使用許諾を含む。）をする独占的な権利を無償で許諾するとともに，著作者人格権は行使しないものとします。

d　免責規定

　削除等の措置によってもサイト管理者は責任を負わないことも規定はしましたが，これだけでは損害賠償リスクの対策として十分とはいえません。サイトの利用者は，ほとんどの場合「事業者」ではないからです。

　「事業者」以外に提供するサービスについては，基本的に消費者保護法の適用を受けます。そうすると，たとえ利用規約に免責の規定を置いていたとしても，サイト側の故意または過失による損害の全部を免責することができません（8条1項1号，3号）。また，たとえ損害の一部を免責するものであっても，

そのサイト側の故意または重過失によるものを免責する規定は無効になってしまいます（8条1項2号，4号）。（➡ 図表3 ）

| 図表3 | 消費者保護法8条1項の仕組み |

故意過失の種類＼免責の範囲	一部免責	全部免責
軽過失	○ ※ただし10条に注意	× （8条1項1，3号）
故意または重過失	× （8条1項2，4号）	× （8条1項1，3号）

このような状況で，法律上可能な限りの免責を目指した規定をします。なお，軽過失に基づく損害賠償の一部免責は法律上有効ですが，あまりにも免責の範囲が大きすぎる場合は，消費者契約法10条によって無効とされることがありますので注意しましょう（➡ 文例4 ）。

文例4－1 免責規定（無料サービスの場合の一例）

第○○条　免責
1　当社は，本サイトの利用に関連して利用者が被った損害について，一切の責任を負いません。
2　消費者契約法の適用その他の理由により，本条その他当社の損害賠償責任を免責する規定にかかわらず，当社が本サイト利用者に対して損害賠償責任を負う場合においても，当社の軽過失に基づく賠償責任は，当社の責に帰すべき事由に起因して本サイト利用者に現実に発生した，直接かつ具体的な通常の損害に限られ，かつ，その損害賠償の額は，金●●円を上限とします。

28 第2章 予 防 編

文例4−2 免責規定（有料サービスの場合の一例[3]）

第○○条 免責
1 当社は，本サイトの利用に関連して利用者が被った損害について，一切の責任を負いません。
2 消費者契約法の適用その他の理由により，本条その他当社の損害賠償責任を免責する規定にかかわらず，当社が本サイト利用者に対して損害賠償責任を負う場合においても，当社の軽過失に基づく賠償責任は，当社の責に帰すべき事由に起因して本サイト利用者に現実に発生した，直接かつ具体的な通常の損害に限られ，かつ，その損害賠償の額は，損害の事由が生じた時点から遡って過去●●カ月に支払われた本サイトの利用料金の額を上限とします。

e 開示権限

投稿型サイトに対して開示請求がなされたとき，サイト管理者がこれに応じるべき場合は1つだけではありません。プロバイダ責任制限法で開示義務が認められる場合のほか，警察などの捜査機関から照会を受ける場合なども想定されます。そのため，様々なケースで発信者情報を開示する場合があることも利用規約に明記しておくのが無難でしょう（➡ **文例5**）。

なお，この規定は個人情報に関するものでもありますから，プライバシーポリシーを設置している場合はそこに規定しておいても構いません。

文例5 通信の秘密

第○○条 通信の秘密
1 当社は，電気通信事業法（昭和59年法律第86号）第4条に基づき，利用者の通信の秘密を守ります。
2 当社は，次の各号に掲げる場合には，当該各号に定める範囲内において前項の守秘義務を負わないものとします。

---

3 有料サービスの場合であっても，文例4−1の規定を採用しても問題ありません。

⑴　刑事訴訟法（昭和23年法律第131号）又は犯罪捜査のための通信傍受に関
　　　する法律（平成11年法律第137号）の定めに基づく強制の処分又は裁判所の
　　　命令が行われた場合は，当該処分又は裁判所の命令の定める範囲内
　⑵　法令に基づく強制的な処分が行われた場合は，当該処分又は命令の定め
　　　る範囲内
　⑶　特定電気通信役務提供者の損害賠償責任の制限及び発信者情報の開示に
　　　関する法律（平成13年法律第137号）第４条に基づく開示請求の要件が充足
　　　されたと当社が判断した場合は，当該開示請求の範囲内
　⑷　他人の生命，身体又は財産の保護のために必要があると当社が判断した
　　　場合は，他人の生命，身体又は財産の保護のために必要な範囲内

⑵　口コミサイト

【想定すべき侵害権利】
　●名誉権の侵害（名誉毀損，信用毀損）

　口コミサイトは，投稿型サイトの代表的な形態の１つです。

　近年では，本や家電だけでなく，食品，サービス，企業の勤務環境に至るま
で，あらゆるものが口コミの対象となっています。商品の購入やサービスを利
用する際，ネットの口コミ（評判）を事前にチェックすることは一般的になっ
ており，人気サービスの１つといえるでしょう。

　しかし，口コミは個人の主観によるところが大きいものです。また，イン
ターネットでは匿名での投稿が可能ですから，無責任な投稿や嫌がらせによる
投稿があり得るほか，ネガティブキャンペーンの手段として利用されることな
どもあります。

　さらに，口コミサイトが事業に与える影響というものも無視できません。
ネットで良い評価を受けているために人気が出た，ということがある一方，悪
い評価を受けたために全く売れなくなった，などということもあります。その
ため，ネガティブな内容の口コミは，たとえ正当な批評の範囲内であったとし
ても，事業者から削除請求を受けることがあるのです。

30　第2章　予防編

　これらの理由から，口コミサイトは法的リスクの少なくないウェブサービスといえます。しかも，これらのリスクはサイトが人気になり利用者が増えるにつれて増大します。そのため，口コミサイトの運営をする際には，法的請求を受けることを想定して対策をとっておくことが不可欠でしょう。

〉〉リスク回避の考え方と利用規約規定

　嫌がらせの投稿やネガティブキャンペーン目的の投稿は，その商品やサービス等を提供する事業者の名誉（または信用）を毀損する可能性があります。そのため，まずは利用規約において名誉毀損ないし信用毀損にあたる行為を禁止しておきます（➡　文例1　）。

　その他，投稿型サイトに共通する利用規約の規定は網羅しておきましょう（➡　文例2　文例3　文例4　文例5　）。

　なお，口コミサイトは，閲覧者に判断の材料を与えるものです。しかし，サイト管理者自身が情報を収集して発信しているものではなく，利用者の投稿によるものですので，虚偽や誤りが含まれる場合もあります。そのような場合に，閲覧者からのクレームを回避するために，内容の保証を否認する条項を入れておくことが無難です（➡　文例6　）。

> **文例6**　保証の否認
>
> 第○○条　保証の否認
> 　当社は，本サイトを通じて提供される情報の正確性，完全性，有用性，適法性及び本サービスの効果等につき如何なる保証も行うものではありません。

| Point | #2　氏名（名称）権についてはどう考える？ | Q |

　　口コミサイトは商品やサービスのほか，企業そのものを話題の対象とすることもあります。そして，ネガティブな内容の投稿がなされる可能性もあるものですから，事業者側が，口コミサイトで話題の対象にされること自体を嫌がる場面も少なくありません。そのため，「自社（の商品やサービス）の名称を掲載すること自体を中止してほしい」と請求されることもあります。そして，近年，口コミサイトに対し，自社の店舗名自体の削除を求め，裁判で争ったケースが発生しました。

　　これについて裁判所は，店舗名を無断で掲載した行為に違法性はないと判断しています[4]。この裁判例から考える限り，口コミサイトの管理者としては，話題の対象となる会社，商品，サービスなどの名称を掲載することについて，原則として許可をとらなくてもよいと考えてよいでしょう。しかし，この裁判例は，同時に，法人の名称を無断で使用することが違法になるケースがあることも認めました。名称の掲載自体によって大きな損害を与えてしまうような場合は違法と判断されることがありますので，その点には念のため注意が必要といえます。

⑶　電子掲示板

> 【想定すべき侵害権利】
> ①　名誉権の侵害（名誉毀損，信用毀損）
> ②　プライバシー権侵害
> ③　名誉感情の侵害
> ④　著作権侵害

　電子掲示板も，投稿型サイトの典型です。

　電子掲示板においては，企業（または事業者）のみならず，個人を話題の対象とすることもあります。そのため，名誉や信用を毀損するような投稿だけで

4　札幌高判平成27年6月23日。

32 第2章 予 防 編

なく，個人のプライバシー権を侵害するような投稿がなされる可能性もあります。

また，匿名の電子掲示板においては，単純な悪口や罵詈雑言のような投稿がなされることもあります。これらは，名誉毀損にあたらないものであっても，名誉感情を侵害するものとして違法となることがあります。

その他，電子掲示板は文章を投稿するものですが，文章には著作権が認められるものもあります。そうすると，投稿内容によっては著作権侵害が発生することもあります。

〉〉 リスク回避の考え方と利用規約規定

電子掲示板に投稿される誹謗中傷は，名誉毀損ないし信用毀損に該当する可能性がありますから，これらの行為を禁止しておきます。また，プライバシー権，名誉感情，著作権などを侵害するような行為も禁止しておきます（➡ 文例1 ）。

その他，投稿型サイトに共通する利用規約の規定は網羅しておきましょう（➡ 文例2 文例3 文例4 文例5 ）。

Point | #3 コピペやURLの投稿は違法にあたる？ | 🔍

1 コピペ

掲示板では，過去に誰かが投稿したものがコピペ（コピー＆ペースト）され，他の場所に投稿されていることがよくあります。これについても，厳密には著作権侵害の問題はあり得ます。しかし，掲示板に投稿される程度の長さの文章に著作権が認められることは多くはありません。また，投稿は匿名であることが多いため，権利者が誰かということが証明できないという問題もあります。そのような理由から，投稿のコピペが著作権の問題になっているケースは少ないのです。

サイト管理者としては，文章のコピペについては厳密に禁止したり，見つけたらすぐ削除したりしなければならないというケースは少ないと考えてよいで

しょう。ただ，法的請求がなされたときには適切な対応をしなければいけません。

2　URL

　電子掲示板では，URLの文字列が投稿されることがあります。そして，そのリンク先には他人の名誉を傷つけるような情報があったり，他人の著作物が掲載されていたりすることがあります。このような場合に，被害者からURLの掲載が違法であるとの主張を受けることがあります。

　この問題を考えるにあたっては，名誉毀損のケースと，著作権侵害の問題を分けて考える必要があります。

　まず，名誉毀損についてみると，リンク先に名誉毀損の情報が掲載されているものの，掲示板への投稿自体はURLが記載されているにすぎないというケースで，名誉毀損の成立を認めた裁判例があります[5]。URLの投稿にすぎない場合であっても，それがリンク先の情報を指摘するものと認められる場合は，違法性があると判断されることがあるようです。

　一方，リンク先に他人の著作物が掲載されている場合は，考え方が違ってきます。リンクを張る行為は，著作権を侵害するものではないと一般的に考えられています[6]。実態をみても，他人の著作物を記録・発信しているのはそのリンク先のサイトであって，サイト管理者が管理している電子掲示板にはURLの文字列しか記録されていません。そうすると，電子掲示板のサイト管理者は著作権の侵害行為を直接行っているとは評価できませんから，その権利侵害の情報について原則責任を負わないと判断されます[7]。

　このように，URLの掲載については，リンク先にどのような情報が掲載されているか，という点がポイントになります。

3　顔文字やアスキーアート（AA）のコピペはどうか？

　電子掲示板においては，文字や記号を組み合わせたさまざまな顔文字やアスキーアートが投稿されることがあります。これらについても，著作権侵害の問題は起こり得ます。

5　東京高判平成24年4月18日。

6　著作権情報センター「デジタル・ネットワーク社会と著作権」（http://www.cric.or.jp/qa/multimedia/）。

7　もっとも，たとえば違法ダウンロードができるURLの投稿を積極的に推奨するなど，利用者の権利侵害をことさらに助長しているような場合は，掲示板のサイト管理者も被害者に対する法的責任を負うことがあります。

34 第2章 予 防 編

しかし，特に顔文字については少ない文字の組み合わせであることが多く，著作権が認められるものは多くはありません。また，文章と同様，顔文字やAAについても，匿名での投稿であれば権利者が誰かがわからないという問題もあります。そのため，やはり実際に著作権の問題になっているケースは多くありません。

ただ，特にAAに関していえることですが，何かを再現したものには注意が必要です。既存の作品を再現したものには，元の作品の著作権が及ぶためです。たとえば既存のキャラクターやイラストを再現したAAには，再現された元作品の著作権が及びます。そのため，投稿されたAAに関して，その元となった作品の権利者から著作権侵害の主張がなされるこがもありますので，この点は留意しておきましょう。

(4) 画像投稿サイト

【想定すべき侵害権利】
  ① 著作権侵害
  ② プライバシー権侵害
  ③ 肖像権侵害
  ④ パブリシティ権侵害

画像投稿サイトは，イラストを投稿するもの，写真作品を投稿するものなどさまざまな種類があります。中には画像の投稿を通じて利用者同士の交流ができるサイトもあり，またスマートフォンのカメラで撮影した写真は簡単に投稿できますから，画像投稿サイトは年々人気になっているといえます。

もっとも，イラストはもちろんのこと，写真作品に関しても著作権が認められます[8]。そのため，画像投稿サイトを運営するにあたっては，著作権については特に注意して利用規約を整備しておく必要があります。また，画像に人の顔

8　スナップ写真であっても著作権が認められると考えられています（知財高判平成19年5月31日判時1977号144頁（東京アウトサイダーズ事件））。

1 サイトの種類別, 法的リスクと利用規約(利用契約)規定 *35*

や姿が含まれる場合は，プライバシー権，肖像権，パブリシティ権の侵害の可能性が出てきてしまいます。それらにも注意しておきましょう。

〉〉リスク回避の考え方と利用規約規定

まずは著作権侵害の行為を禁止しておきます。また，プライバシー権，肖像権，パブリシティ権などを侵害するような行為も禁止しておきます。（➡ 文例1 ）

その他，投稿型サイトに共通する利用規約の規定は網羅しておきましょう。（➡ 文例2 文例3 文例4 文例5 ）

画像投稿サイトは，基本的に利用者自身の作品を投稿することが前提となっています。つまり，利用者は，その画像を投稿する権利をもっていなければいけません。著作権侵害の投稿がなされてしまうと，サイト管理者が紛争に巻き込まれてしまうばかりか，無用なコストがかかってしまう場合があります。そのため，画像の投稿が権利侵害にあたらないことの保証などの規定を置いておくことが必要です。（➡ 文例7 ）

> **文例7** 非侵害の保証

第○○条　非侵害の保証

本サイトに対して，コンテンツを投稿する利用者は，当社に対し，当該コンテンツが第三者の権利を侵害するものではないことを保証するものとします。利用者が本条に反したことにより問題が生じた場合，利用者は自己の費用と責任をもって問題を解決するものとします。

36　第2章　予　防　編

Point　#4　二次創作はどう考える？　🔍

　イラストの投稿サイトには，オリジナルのイラストやマンガが投稿されることももちろんありますが，中には既存のアニメやマンガのキャラクターや設定を使って描かれたもの（いわゆる二次創作）も少なくありません。これらの二次創作は，多くの場合二次的著作物の作成行為（翻案）にあたります。そのため，権利者の許諾を得られれば適法ですが，権利侵害の主張を受けた場合には違法と判断されてしまいます。

　二次的著作物の作成行為（翻案）について，詳しくは第4章で説明しますが，二次創作はインターネット上で広く行われており，ある程度は社会的に許容されていると考えることも可能でしょう。そのため，サイト管理者の事前対策としては，そのような二次創作の投稿を禁止する必要まではなく，権利者から違法の申し出があったときなどにしっかり対処するという方針でよいように思われます。

Point　#5　児童ポルノ等については十分注意が必要　🔍

　利用規約の規定によって回避できる法的リスクは，基本的に民事的な責任のみで，刑事責任については対象外です。そして，画像投稿サイトや動画投稿サイトの運営にあたっては，最大限の注意を払わなければならない刑事責任があります。児童ポルノ禁止法[9]違反です。

　近年報道された例でいえば，スマートフォンアプリ上で児童ポルノ画像が投稿・共有されていたところ，そのアプリ運営会社社長が逮捕されたというケースがありました。児童ポルノを投稿したのはアプリの利用者ですが，これによってアプリ運営者が逮捕されるに至ったものですから，児童ポルノの刑事責任はやはり相当重いものとみて間違いありません。

　この件で逮捕のポイントとなったのは，運営会社が"児童ポルノが投稿されていると知りながら放置していた"という点にあります。そのため，サイト運営者としては，削除請求の対象となった画像が明らかに児童ポルノ[10]に該当する

9　この法律の正式名称は，「児童買春，児童ポルノに係る行為等の規制及び処罰並びに児童の保護等に関する法律」といいます。

場合はすぐに対処すべきでしょうし，児童ポルノの投稿数が無視できないレベルに至っている場合はサイト上での注意喚起を行うなどして，"児童ポルノが投稿されていると知りながら放置していた"と判断されないよう心掛ける必要があります。

(5) 動画投稿サイト

【想定すべき侵害権利】
① 著作権侵害
② プライバシー権侵害
③ 肖像権侵害

　インターネットの登場によって，誰もが簡単に動画を投稿できるようになりました。一般の人の投稿する動画は，テレビなどにはない魅力をもった動画も多数あり，インターネット上の人気コンテンツの1つになっています。

　しかし，誰でも動画を投稿できるようになったために，他者の作品や有料コンテンツが違法にアップロードされてしまう事態も起こっています。また，有料コンテンツが無料で楽しめるようになっていると，どうしてもそのサイトはアクセスを集めてしまい，サイト管理者が著作権侵害のコンテンツを放置しやすい状況にあるのです。しかし，そのような事情は裁判所も理解しており，違法アップロードの可能性のあるサイトを管理している者にはそれなりの管理責任が課されています。実際，ユーザーによって動画の違法アップロードが繰り返されているサイトについて，適切な管理を怠ったサイト管理者に損害賠償責任を認めた裁判例もあります[11]。そのため，動画投稿サイトを管理運営する際には，著作権には相当程度気をつける必要があるといえるでしょう。

---

10 「児童」とは，18歳に満たない者をいう（2条1項）とされています。性別は問われませんから，男児の画像であっても児童ポルノに該当します。

11 　知財高判平成22年9月8日判時2115号102頁（TVブレイク事件）。

38 第2章 予 防 編

　また，他人の私生活や顔などがわかる動画を無断で投稿することは，プライバシー権ないし肖像権を侵害することがあります。動画自体の著作権が投稿者にあるとしても，そのことから動画に写り込んだ他人の肖像権などがクリアされるわけではないので，その点は留意しましょう。

〉〉リスク回避の考え方と利用規約規定

　著作権に相当程度気を付ける必要があるとはいえ，やはりサイト管理者がサイトのコンテンツを巡回監視する義務までは認められません。そのため，利用規約の規定としては，他の投稿型サイトと大きく変わるものではありません。著作権侵害やプライバシー権，肖像権侵害の行為を禁止するとともに，投稿型サイトに共通する規定を置いておきましょう。（➡ **文例1　文例2　文例3　文例4　文例5**　）

　また，投稿された動画が権利侵害にあたらないことの保証などの規定を置いておくことが必要です。（➡ **文例7**　）

Point　#6　MADやゲーム実況プレイ動画などはどう扱う？　🔍

　動画投稿サイトには，いわゆる「MADムービー」（MAD）などの二次創作物や，ゲームをプレイしている様子を録音・録画した「ゲーム実況プレイ動画」が多く投稿されています。

　これらについても，基本的な考え方は前述の(4)　画像投稿サイトで説明した二次創作の考え方と同様です。そのため，サイト管理者の事前対策としても，MADや実況プレイ動画の投稿を禁止する必要まではなく，権利者から違法の申し立てがあったときなどにしっかり対処するという方針でよいと思われます。

　➡児童ポルノに注意すべきことは，同じく(4)　画像投稿サイトで説明したPoint#5「児童ポルノ等については十分注意が必要」と同様です。

(6) 音楽投稿サイト

【想定すべき侵害権利】
- 著作権侵害

作曲ツールやソフトウェアの急激な進歩により、作曲を楽しむ人が増えています。そして、それに伴い、自作の音楽を公開する場を提供するサイトも増加しています。今では自作の音楽の公開から人気に火が付き、CD化や大規模ライブに発展するケースも珍しくありません。今後の音楽の発展にとって、音楽投稿サイトの寄与はますます大きくなっていくでしょう。

当然ながら、音楽は著作権が認められます（著作権法10条1項2号）。そのため、既存の音楽を無断で投稿する行為は著作権を侵害するものとなります。音楽に関しては、一定のメロディ（旋律）を構成している限り著作権が認められます。そのため、よくあるメロディだから、とかシンプルな旋律だから、といった理由、つまり「ありふれた表現」として著作権侵害が否定されるケースはほとんどないでしょう[12]。

》リスク回避の考え方と利用規約規定

音楽にはさまざまなルールがありますが、法的な扱いは他の著作物とほとんど違いはありません。そのため、利用規約の規定としても、投稿型サイト一般と共通するものでよいでしょう。

（➡ 文例1　文例2　文例3　文例4　文例5 ）

もっとも、著作権の認められるコンテンツが投稿されるものですから、投稿される音楽が権利侵害にあたらないことの保証などの規定を置いておくことは必要です。（➡ 文例7 ）

---

12 もっとも、コード進行それ自体に著作権は認められません。

40 第2章 予 防 編

Point ＃7 著作権の切れた音楽は自由に利用できる？

　著作権には保護期間があり，それを経過した著作物はパブリックドメインと
して誰もが自由に利用することができます。そして，音楽については古くから
愛されてきたものが多く，著作権の切れたものが今でも利用されることがあり
ます。

　しかし，著作権が切れたものであっても，法律上の問題が起こらないという
わけではありません。たとえば次のようなものが法律上問題になり得ます。

　① 著作者人格権の問題

　著作権が切れた場合であっても，著作者人格権も同時に消滅するわけではあ
りません（著作権法60条）。そのため，著作者の名前を勝手に変更したり，著作
者の意に反する改変をしたりすると著作者人格権（氏名表示権（同法19条）お
よび同一性保持権（同法20条））を侵害することになります。また，そのような
行為でなくとも，著作者の名誉または声望を害するような利用は，著作者人格
権を侵害する行為とみなされます（同法113条6項）。

　そして，著作者が死亡していても，その配偶者，子，父母，孫，祖父母また
は兄弟姉妹は著作者人格権を主張することができます（同法116条1項）。その
ため，サイト管理者としては，これらの者から違法の申し立てがあった場合は
適切に対応しなければいけません。

　② 著作隣接権の問題

　音楽の著作権自体が切れていたとしても，実演家やレコード製作者の権利が
保護されていることがあります。たとえば，著作権の切れているピアノ曲であっ
ても，それを有名なピアニストが演奏し，その演奏を録音したCDが販売されて
いる場合，そのCDの音源を無断でアップロードすることは違法です。この場合，
ピアニストの実演とCDの製作は著作隣接権というもので保護されているからで
す。

　そのため，著作権の切れた音楽であっても，その音源はどのようなものかに
ついてサイト管理者は気を配る必要があります。

　③ アレンジされた楽曲の問題

　著作権の切れた音楽であっても，それをアレンジなどして「翻案」した場合，
それはいわば"新しい著作物"として翻案した人に著作権が認められることが
あります。つまり，原曲の著作権が切れていても，翻案の保護期間が経過して
いなければ，それを翻案した人の著作権は残っています。著作権が切れていても，

それをベースとした創作には権利が認められることがありますので，注意しましょう。

(7)　質問サイト

> **【想定すべき侵害権利】**
> ①　名誉権の侵害（名誉毀損，信用毀損）
> ②　プライバシー権侵害

　サイト利用者が質問を投稿し，他の利用者がそれに回答するという形式のサイトです。質問も回答も気軽にできるものですからコンテンツが集まりやすく，また同じような疑問を持っている人が多数いることもあるため，良い質問と回答を集められればアクセス数も期待でき，人気サイトの1つとなっています。

　しかし，匿名で質問や回答がなされるため，誹謗中傷の投稿や，他人の私生活に関する内容が投稿されることがあり，法的トラブルが意外と多い種類のサイトです。

〉〉リスク回避の考え方と利用規約規定

　サイト利用者による投稿が主なコンテンツですから，投稿型サイトの一般的なリスクがあてはまります。投稿型サイトに共通する利用規約の規定を置いておきましょう。
（➡　文例1　文例2　文例3　文例4　文例5　）

　また，質問サイトも，閲覧者に判断の材料を与えるものです。そうすると，投稿された回答の内容が間違っていたり，誤解を与えるような表現だったりする場合，これを信じた利用者に損害が発生してしまう可能性があります。このような場合でも，サイト管理者は原則として責任を負いませんが，サイト管理者に対してクレームが生じることも考えられるところです。そのため，投稿された内容の保証を否認する条項も入れておきましょう。（➡　文例6　）

42　第2章　予　防　編

Point　#8　弁護士法との関係

　質問サイトの中には，法律問題についての質問が投稿され，それに対して法的見解を回答するようなサイトがあります。このようなサイトは，「法律事務」の取扱いを弁護士のみとしている弁護士法72条に注意しなければいけません。

　サイトの建前として質問内容を法律問題に限定していない場合は，サイト管理者にとって弁護士法の問題が生じる可能性は高くはありません。問題になるのは，質問内容を法律問題に限定していたり，利用者から利用料金を取る形にしていたりする場合です。

　先述のとおり，「法律事務」は弁護士しか行うことができませんが，この「法律事務」には法律相談に対するアドバイスも含まれます。そのため，サイトの質問内容を法律問題に限定しているにもかかわらず，弁護士でない人でも回答できるような形にしてしまうと，弁護士以外の者の「法律事務」を誘発するものとして，サイト管理者に弁護士法違反の責任が問われる可能性が出てきます。また，たとえ回答者を弁護士に限定したとしても，たとえば「質問1件につき〇〇円」といった形にしてしまうと，サイト管理者自身が「法律事務」で報酬を得ていると判断されてしまいます（質問者，回答者いずれから料金の支払いを受けたとしても同じです）。そのほかにも，検討すべき内容は多数あるところですので，法律問題に関する質問サイトを運営する場合は，法律専門家の十分な指導の下で行うことが必須であるといえます。

> （非弁護士の法律事務の取扱い等の禁止）
> **弁護士法72条**
> 　弁護士又は弁護士法人でない者は，報酬を得る目的で訴訟事件，非訟事件及び審査請求，再調査の請求，再審査請求等行政庁に対する不服申立事件その他一般の法律事件に関して鑑定，代理，仲裁若しくは和解その他の法律事務を取り扱い，又はこれらの周旋をすることを業とすることができない。ただし，この法律又は他の法律に別段の定めがある場合は，この限りでない。

⑻ SNS

【想定すべき侵害権利】
　① 名誉権の侵害（名誉毀損，信用毀損）
　② プライバシー権侵害
　③ 肖像権侵害
　④ 著作権侵害
　⑤ 名誉感情の侵害

　SNSとはソーシャルネットワーキングサービス（social networking service）の略で，インターネット上で人の交流ができるようなサービスを指します。「Facebook」や「Twitter」などが代表例ですが，企業内での社内SNSが構築されることもあり，一口に「SNS」といってもその形態はさまざまなものがあります。新しいコミュニケーションとして近年急速に広まりつつありますが，それに伴って，SNS特有の法的トラブルも生じています。

〉〉リスク回避の考え方と利用規約規定

　SNSは，私生活を文章や写真の形で公開することが多いですから，他人のプライバシー権や肖像権の侵害がなされることが多くあります。また，注目を集めたいがために，他人の投稿をあたかも自身のオリジナルであるかのように投稿[13]されることもあり，これは著作権侵害にあたる可能性があります。その他，いわゆる「ネットいじめ」はSNS上で行われることが多く，名誉毀損や名誉感情侵害がなされることも少なくありません。そのため，これらの行為は利用規約において禁止しておきましょう。

（➡　文例1　）

13　「Twitter」では，このような行為は「パクツイ」（パクリツイートの略）などとよばれ，利用者の間で問題視されています。

44 第2章 予防編

その他，投稿型サイトに共通する利用規約の規定は網羅しておきましょう。

（➡ 文例2 文例3 文例4 文例5 ）

Point #9 「シェア」について 🔍

　SNSの中には，他人の投稿をより広い範囲に拡散するための機能をもつもの
もあります。「シェア」「リツイート」がその典型です。自分が共感したとか他
の人にも知ってもらいたいという目的の他に，最近ではネットマーケティング
の手段の1つとして使われることもあるようです。

　しかし，この機能により，利用者の投稿が予期せぬ形で他人の目に触れたり
することもあります。たとえば，自分の知り合いしか見ていないだろうと思っ
て投稿したマナー違反行為や違法行為が大きく"炎上"してしまい，ニュース
などで報道されてしまう例がよくありますが，これは「シェア」機能によって
ネット上に広く知れ渡ったことがきっかけとなっていることがあります。

　しかし，SNS上にそのような投稿をしたのは利用者自身であり，また「シェ
ア」のような機能があることは十分理解してサービスを利用しているはずです。
そのため，他人に「シェア」されたこと自体が何らかの権利侵害にあたると考
えることは基本的にはできないと思われます。

　また，「シェア」機能は，基本的に文書や画像のデータを複製などしているも
のではないため，「シェア」したことが著作権侵害にあたると考えることも難し
いでしょう。

　もっとも，他人を誹謗中傷するような投稿を「シェア」することは違法とさ
れることがあります。実際，名誉毀損となるツイートを「リツイート」したケー
スで，「リツイート」した者の損害賠償責任を認めた裁判例[14]もあります。「シェ
ア」や「リツイート」も，使われ方によっては違法となり得るものですので，
この点は注意しましょう。

14　東京地判平成26年12月24日（2014WLJPCA12248028）

(9) オークションサイト

【想定すべき侵害権利】
　① 著作権侵害
　② 商標権侵害
　③ 名誉権の侵害（名誉毀損，信用毀損）

　利用者間における物やサービスの売買の場所を提供するサービスです。近年では，スマートフォンアプリを使って気軽に売買ができるようにもなっており，人気は非常に高くなっています。

　ただ，人気の高まりとともに，法的トラブルも増加しています。利用者間の金銭トラブルはもちろんですが，削除・開示請求との関係だけをみても，発生している問題は少なくありません。

》リスク回避の考え方と利用規約規定

　オークションでの商品の販売にとって，商品の写真画像は不可欠です。ただ，写真撮影はそれなりに技術が要ることもありますから，中にはすでにある同じ商品の画像を他から転載して利用するようなこともあります。写真には当然著作権が認められますから，写真の無断転載を巡って削除・開示請求がなされることは非常に多くあります。

　また，オークションサイトにおいてはブランド品の売買も人気ですが，利用者の出品である以上，偽ブランドの出品の可能性は否定できません。そして，偽ブランドの販売のために，ロゴやトレードマークを掲載することは商標権侵害になる可能性もあります。

　その他，出品者や落札者のレビューを投稿できるサイトもありますが，ここで誹謗中傷がなされることもあり得ます。

　以上の点をふまえ，利用規約においてはサイトにおける一般的な権利侵害行為を禁止しておきます。（➡　文例1　）

46 第2章 予 防 編

　その他，投稿型サイトに共通する利用規約の規定は網羅しておきましょう。
（➡　文例2　　文例3　　文例4　　文例5　）

2　通常サイト

　通常サイトの場合，管理者自身が発信者ですから，情報の発信についてはすべて管理者が責任を負います。そのため，利用規約の整備によって法的リスクを回避できる範囲は広くはありません。ただ，管理しているサイト特有の法的リスクを理解しておくことが，削除請求や損害賠償請求がなされたときの助けになるでしょう。

⑴　ニュースまとめサイト

【想定すべき侵害権利】
　① 著作権侵害
　② 名誉権の侵害（名誉毀損，信用毀損）
　③ プライバシー権侵害

　ニュースまとめサイトは，主に他社が配信しているニュースを紹介するものです。紹介するニュースの配信元は複数あることが一般的ですので，サイトの利用者にとっては，欲しい情報へのアクセスが容易になるというメリットがあります。近年では非常に人気のあるサービスの1つで，ウェブサイトだけでなく，スマートフォンアプリでもニュースまとめを提供するものがあります。

　ただ，他社のコンテンツを利用するものですので，やはり著作権の問題は避けて通ることができません。また，ニュースまとめに紹介された見出しや数行の文章で利用者が満足してしまい，配信元にアクセスが集まらなくなってしまったとすれば，それはニュースまとめサイトが配信元のアクセスを"奪っている"と評価され，批判の対象になることもあります。人気サービスである一方で，法的リスクや炎上の危険も大きいものですので，予防はしっかりと考え

ておかなければなりません。

a　ニュース記事と著作権

《基本的な考え方》

　ニュース記事には著作権が認められますから，他社の作成したニュース記事全文を無断でコピペするような行為は，著作権侵害となるでしょう。適法なサービス運営を行うためには，このようなサービスモデルを採用することはできません。

　もっとも単純に著作権の問題をクリアする方法は，各配信元との間で契約を交わし，ニュースをまとめることについて許諾を得ることです。しかし，すべての配信元と契約を交わすことができるとは限りません。また，契約を交わすことができた配信元のニュースしかまとめられないとすれば，コンテンツの幅は広がらず，魅力的なニュースまとめサービスともならないでしょう。そのため，各配信元から許諾を得なくとも適法にニュースをまとめることが検討されますが，それには著作権法の理解が不可欠となります。

《事実・事件のみを取り上げる場合》

　ニュースの内容は基本的に現実に起こった"事実"や"事件"です。そして，"事実"や"事件"そのものに著作権は認められません[15]。そのため，他社がニュースとして取り上げたものと同じ事件を取り上げはするけれども，文章自体は1から作り直す，というサービスは著作権を侵害するものではないのです。

b　"事実"と"表現"の違い

　"事実"や"事件"そのものに著作権は認められませんが，それが"表現"されたものには著作権が認められるというのがポイントです。

　たとえば，同じ事実をニュースとして人々に伝えようとする場合でも，その

15　著作権法は，著作物を「思想又は感情を創作的に表現したもの」と定義しており（2条1項1号），"事実"は「思想又は感情」に含まれないためです。

48　第2章　予　防　編

方法はさまざまあります。映像によって伝えることもあるでしょうし，文章で伝えることもあります。また，文章で伝える場合であっても，アナウンサーが読み上げるために作られた文章と，新聞記事に掲載するために作られた文章では違った表現になるでしょう。簡潔に伝えることを目的とした表現と，小さい子供でもわかるようにした表現もまた違ったものになります。つまり，同じ事実を伝えるとしても，その伝え方（＝表現の仕方）は無数にあります。このとき，全く同じ事実をニュースとして取り上げることは，著作権を侵害するものではありません（＝"事実"そのものに著作権は認められない）。しかし，その事実を伝えるために誰かが作った表現（映像や文章）を無断でコピーしてしまうと，著作権侵害となることがあるのです（＝"表現"されたものには著作権が認められる）。

c　「ありふれた表現」の範囲内でのみ文章を利用する場合

"表現"されたものには著作権が認められることは先述のとおりですが，表現されたものでも「ありふれた表現」には著作権は認められません。この「ありふれた表現」とは，一般的によく使われるような，平凡な表現をいいます[16]。

　ニュース記事でいえば，「平成●●年××月△△日，☆☆県において，無職，○田□夫（00歳）が，死体遺棄の疑いで逮捕されました。」などという表現は，「ありふれた表現」にあたるでしょう[17]。元々のニュース記事が著作権の認められるものであっても，そこから一部を取り出した結果，取り出した部分だけを見ると「ありふれた表現」となる場合は，著作権侵害とはなりません[18]。

　もっとも，よくある表現だからといって複数の文章にわたってコピーしたり，記事全文をコピーしたりする場合には，著作権侵害のリスクは高くなってきま

16　著作権法2条1項1号にいう「創作（性）」が認められない表現とも説明されます。

17　著作権法10条2項にいう「事実の伝達にすぎない雑報及び時事の報道」に該当するともいえます。

18　なお，ニュースの見出しについては注意が必要です。というのも，ニュースの見出しだけを無断転載した行為が（著作権侵害にはならないけれども）違法と判断した裁判例があるからです（知財高判平成17年10月6日知財管理56巻7号1063頁（YOL事件））。

す。よくある表現で構成されたものであっても，文章の流れなどには作者の個性が表れ，「ありふれた」ものとはいえなくなるからです。

d 「引用」（著作権法32条１項）として利用する場合

「ありふれた表現」を超えてコピーする場合であっても，適法に利用することができる場合があります。著作権法上の「引用」にあたる場合です。次のいずれにもあてはまる場合は，「引用」として適法となると考えられています。

---

① **明瞭区別性**

　「どこからどこまでが他から引っ張ってきたものかハッキリわかるようにする」ということです。引用符（＂　＂）をつけたり，枠で囲んだりするなどの方法があります。

② **主従関係**

　「自分の作った部分がメイン（主）で，他から引っ張ってきた部分がサブ（従）の関係にあること」をいいます。

③ **正当範囲**

　引用の目的上正当な範囲内で引用することです。引用の目的と無関係な部分をコピーしてはいけませんし，必要以上にコピーすることもできません。

④ **出所の明示**

　引用元（出典）を明示することです。

　ニュースまとめサイトで主に問題となるのは②と③でしょう。ニュース記事を単にコピーするだけでは，そのニュース記事がメインになってしまい，②の主従関係をクリアできません。また，記事全文をコピーするような場合，③の正当範囲内を超えてしまう可能性があります。そのため，「引用」を利用してニュースまとめサイトを運営することを考えるときは，ニュース記事を題材としながらも，自身の批評を掲載するなど独自のメインコンテンツを新たに作る必要があるでしょう。

50 第2章 予 防 編

e ウェブ検索エンジン・サービスとして行う（著作権法47条の６）場合

これの典型例が「Googleニュース」です。平成21年の著作権法改正により，ウェブ検索サービスを合法とする条文が追加されました（それまでは，GoogleやYahoo！のウェブ検索サービスが合法かどうかは疑義がありました）。参考までに，以下に条文を記載します。

（送信可能化された情報の送信元識別符号の検索等のための複製等）
著作権法47条の６

公衆からの求めに応じ，送信可能化された情報に係る送信元識別符号（自動公衆送信の送信元を識別するための文字，番号，記号その他の符号をいう。以下この条において同じ。）を検索し，及びその結果を提供することを業として行う者（当該事業の一部を行う者を含み，送信可能化された情報の収集，整理及び提供を政令で定める基準に従つて行う者に限る。）は，当該検索及びその結果の提供を行うために必要と認められる限度において，送信可能化された著作物（当該著作物に係る自動公衆送信について受信者を識別するための情報の入力を求めることその他の受信を制限するための手段が講じられている場合にあつては，当該自動公衆送信の受信について当該手段を講じた者の承諾を得たものに限る。）について，記録媒体への記録又は翻案（これにより創作した二次的著作物の記録を含む。）を行い，及び公衆からの求めに応じ，当該求めに関する送信可能化された情報に係る送信元識別符号の提供と併せて，当該記録媒体に記録された当該著作物の複製物（当該著作物に係る当該二次的著作物の複製物を含む。以下この条において「検索結果提供用記録」という。）のうち当該送信元識別符号に係るものを用いて自動公衆送信（送信可能化を含む。）を行うことができる。ただし，当該検索結果提供用記録に係る著作物に係る送信可能化が著作権を侵害するものであること（国外で行われた送信可能化にあつては，国内で行われたとしたならば著作権の侵害となるべきものであること）を知つたときは，その後は，当該検索結果提供用記録を用いた自動公衆送信（送信可能化を含む。）を行つてはならない。

この条文の詳細な解説は省きますが，簡単にいうと，この条文により，ロボットによるクローリング，キャッシュサーバへの保存（複製），検索結果の提供（送信可能化・自動公衆送信）という一連の行為が適法となります。

「Googleニュース」などはこの条文により適法に運営されています。

　もっとも，この方法によってもニュース記事の全文を配信することはできません。なぜなら，この規定は検索結果の提供を合法にすることを目的とするものだからです。記事全文を配信するのは，検索結果を提供するための「必要と認められる限度」を超えると判断されるでしょう。この規定によって提供できるのは，ニュース記事のURL，見出しと最低限のスニペット程度と考えられます。

f　著作権法47条の5第2項（キャッシュサーバとして行う場合）は利用できるか

　近年，ニュースまとめを見ることができるアプリの適法性が問題となりました。その問題の中で，そのニュースまとめアプリは著作権法47条の5第2項（キャッシュサーバとして行う場合）で適法となるかどうかということが議論されました。参考までに，以下に該当の条文を記載します。

（送信の障害の防止等のための複製）
著作権法47条の5
1　（略）
2　自動公衆送信装置等を他人の自動公衆送信等の用に供することを業として
　　行う者は，送信可能化等がされた著作物（当該自動公衆送信装置等により送
　　信可能化等がされたものを除く。）の自動公衆送信等を中継するための送信を
　　行う場合には，当該送信後に行われる当該著作物の自動公衆送信等を中継す
　　るための送信を効率的に行うために<u>必要と認められる限度</u>において，当該著
　　作物を当該自動公衆送信装置等の記録媒体のうち当該送信の用に供する部分
　　に記録することができる。
3　（略）

　この条文についても詳細な説明は省きますが，要は「フォワードキャッシュ」の適法性を認めたものです。正面からニュースまとめアプリを認めたものではありません。

52 第2章 予 防 編

この規定を根拠にニュースまとめアプリが適法だとする場合には，自前の
サーバが「他人の …… 用に供する」ものといえるのか，また他者サイトか
ら複製したニュース記事のデータが「必要と認められる限度」といえるのかな
ど，越えるべきハードルは少なくないように思われます。

Point　#10　名誉・プライバシー権侵害について 🔍

　これが問題になるのは，主に犯罪報道を掲載するときです。犯罪事件が起こっ
たとき，被疑者が逮捕されたこと，起訴されたことや，検察官がどのような求
刑をしたか，そして判決がどうなったか，ということが報道されることがあり
ますが，このとき，被疑者・被告人の実名が公表されることがあります[19]。この
ような実名報道は，被疑者・被告人の社会的評価を低下させ，また本人にとっ
て知られたくない事実を公開されるものですが，表現の自由ないし報道の自由，
国民の知る権利などの関係で，原則として適法となります。

　しかし，インターネット上のニュース記事は，データがサーバから削除され
ない限り存続します。そうすると，本人の実名を検索したとき，いつまでもそ
の犯罪報道が人の目に触れることになってしまい，半永久的にその事件と関連
付けられてしまうことになります。これでは更生や社会復帰の途が閉ざされる
ことになりかねません。そのような考えから，事件発生からある程度の期間が
経った後は，そのような実名報道を残しておくことは本人の名誉権ないしプラ
イバシー権を侵害するものとして違法と判断されることになっています[20]。

　ニュースまとめサイトにおいても，実名でなされた犯罪報道などを紹介する
こと自体は原則として適法と判断されるでしょう。しかし，事件発生から数年
程度経過したものであって，本人から削除等の申請があったときは，それが違
法なものに至っているかどうか判断し適切に対処しなければならない場合があ
るといえます。

19　なお，少年についての推知報道を禁止した少年法61条等の関係で，20歳未満の者の行っ
　た事件については，実名報道されないことが一般的です。
20　東京高判平成26年4月24日参照。

Point | #11　キュレーションサイトの問題点

　近年，株式会社ディー・エヌ・エーの運営するサイト「WELQ」が"炎上"し，全記事が非公開に至ったという問題をきっかけに，「キュレーションサイト」とよばれるウェブサービスが注目を集めています。

　「キュレーショサイト」の定義は厳密なものではなく，サービスの形式もさまざまで，本書でいう「ニュースまとめサイト」のようなものから，「投稿型サイト」の形式をとるものもあるようです。サービスの形式がひとつでない以上，「キュレーショサイト」の法的問題点を一概に述べることはできません。ただ，「WELQ」の事例でいえば，①薬事法に関する問題があったこと，②他人のコンテンツの盗用が疑われたこと，この２点が"炎上"の主な原因となっていたようです。

　この事件における重要な点は，「投稿型サイト」の管理者であっても，投稿された記事について発信者に近い責任が課せられる場合があるということです。「WELQ」は，大量の記事を外部ライターや一般ユーザーに作成させており，その意味で「投稿型サイト」の性格をもつものといえました。それにもかかわらず，「サイト側が記事の内容の正確性をしっかり確認行っていなかったことが①と②を引き起こした」として"炎上"しているのです。これはおそらく，「WELQ」が情報提供の主体であるような体裁をとっていたために，このような捉えられ方をしたのだと思われます。

　いずれにせよ，「キュレーションサイト」のサービスは比較的新しいもので，この定義もあいまいですから，適法な運営を行うには，それぞれのサービスの内容・形式を法的に分析し，１つひとつ課題をクリアしていくことが必要といえるでしょう。

(2)　掲示板・SNSまとめサイト

【想定すべき侵害権利】
　①　著作権侵害
　②　名誉権の侵害（名誉毀損，信用毀損）

54　第2章　予　防　編

> ③　プライバシー権侵害

　電子掲示板やSNSに投稿されたもののうち，注目度の高いものや面白いものなどを抽出し，それらを編集して自己のサイト（ブログなど）に掲載するサイトが数多く存在します。これらは，一般的に「まとめサイト（ブログ）」とよばれています。

　このような形で投稿がまとめられることにより，読者はより手軽に情報を得ることができます。しかし，他人の投稿を利用するサービスであるため，問題点を指摘されることも少なくありません。たとえば，投稿をした人（投稿者）に利用の許諾を得ていなかったり，投稿がなされたサイトのルールに反していたりすると，場合によっては他人の権利を侵害してしまう可能性があります。そのため，まとめサイトを適法に行うためには，法律はもちろん，まとめの対象となるサイトの利用規約を正確に把握しておく必要があるでしょう。

Point　#12　投稿と著作権

　まとめサイトは，文章の投稿をまとめるものが多いと思われます。そして，文章には著作権が認められる場合があります（著作権法10条1項1号）から，著作権の認められる文章を無断で転載・編集すると，著作権（複製権，翻案権，公衆送信権など）侵害に該当することがあります。

　もっとも，文章は「ありふれた表現」として著作権が認められないものもあります。掲示板などに投稿される文章は，短いものや表現力が高くはないものもありますので，すべての文章の無断転載・編集が著作権侵害となるわけではありません。

　まとめサイトの転載元となるサイトの中には，利用規約に転載禁止が規定されていることがあります。この利用規約の規定に違反するからといって，ただちに著作権侵害になるわけではありません。著作権侵害かどうかはあくまで著作権の認められるもの（著作物）のコピー等をしたかどうかで判断されるからです。ただ，利用規約に違反すること自体で損害賠償請求などがなされることもありますし，いわゆる「炎上」のリスクもあります。モラルの問題もありま

すので，ルールを無視した形でまとめサイトを運営することは控えましょう。

Point　#13　"炎上"した事件のまとめ

　掲示板やSNSは，事件・出来事を話題にすることもあります。しかし，世間の耳目を集める事件は良いものばかりではありません。企業の不祥事や個人の悪行などにより，いわゆる"炎上"した事件も話題の対象となってしまいます。そして，その種の事件は，良くも悪くも世間の注目を集めますから，それをまとめることもサイトへのアクセスが期待できるものといえます。つまり，"炎上"した事件をまとめの対象とする理由も存在するのです。

　"炎上"した事件をまとめることも，それ自体は悪いことではありません。しかし，まとめの対象となった投稿に名誉毀損・プライバシー侵害がある場合には，それを転載した者にも責任が生じてしまいます。たとえば，個人が"炎上"した場合，その人に対しての誹謗中傷が投稿されるほか，ひどいときにはその人の住所氏名，所属する勤務先や学校名まで公開されてしまいます。"炎上"にはさまざまな理由があり，なかには"炎上"を起こしてしまった人に落ち度がある場合もあります。しかし，そのことと，誹謗中傷をしてよいか，またプライバシーに関する情報を公開してよいか，ということは別問題です。そして，誹謗中傷やプライバシー侵害情報を転載してしまうと，転載した者も誹謗中傷およびプライバシー侵害の責任を負うことになります。「自身はコピペをしただけで，誹謗中傷やプライバシー侵害を行ったのは転載元に投稿した人だ」と考える人もいるかもしれませんが，法律上は，コピペした者もコピペした内容の「発信者」にあたると考えられてしまいます。つまり，コピペであることを理由に責任を免れることはできません。

　通常サイトの管理者は，自身の運営するサイトの情報について責任を負うものですが，これは転載した場合であっても同じです。そのため，"炎上"しているような事件について転載をする際には，対象となっている者の権利侵害を転載しないよう十分注意しましょう。

56 第2章 予 防 編

⑶ ブログ・自社サイト

　自身の発信したい情報を自身の管理するサイトで行う場合です。情報の発信については管理者がすべての責任を負うものですから，無責任な投稿はしないようにしましょう。

Point | #14　商標権（ないし不正競争防止法）には注意　　　　Q

　名誉毀損やプライバシー侵害，著作権侵害については，自覚なしに行ってしまうことはあまりありません。自覚なしに侵害してしまうことがあるものがあるとすれば，商標権（ないし不正競争防止法）侵害が考えられます。
　ブログや自社サイトにはサイト名，サービス名，ロゴなどを付けることがありますが，このサイト名などがすでに登録されている商標と同じか類似している場合，商標権侵害があるとして法的請求がなされてしまうことがあります。また，仮に登録されていないものであったとしても，広く知られているようなサービス名やロゴを使用してしまうと不正競争防止法に違反することがあります。サイト名やロゴを付ける場合は，類似のものがないか事前に調査しておくことが望ましいといえます。

⑷ アフィリエイトサイト

【想定すべき侵害権利】
　① 名誉権（名誉毀損，信用毀損）
　② 著作権

　アフィリエイトサイトには，さまざまな形式がありますが，法律上問題になることが多いのは，アフィリエイトの対象となる商品やサービスを自身のサイトにおいて紹介するというものです。自身のサイト上に貼られた広告がクリックされれば（あるいはそのクリックを経由して購入がなされれば）管理者は報酬を得ることができるため，基本的にはその商品・サービスの良いところ，優れ

たところを紹介することがほとんどでしょう。

　しかし，サイト管理者にとっては広告をクリックされることが第一ですし，商品ごとに得られる報酬には違いがあります。そのため，紹介文が公正ではなくなることもあります。そして，不公正な評価を受けた商品やサービスを提供している事業者がそのような紹介方法を問題視し，サイトに対して法的請求を行うことも少なくありません。アフィリエイトサイトの運営は，そのような法的リスクは無視できないものであるといえます。

a　名誉毀損・信用毀損の主張に備える

　アフィリエイトサイトにおいて，アフィリエイトの対象となる商品・サービスを紹介する方法はさまざまあります。たとえば，類似の商品どうしでカタログスペックなどを比較したり，実際にそれぞれの商品を使用してその使用感を説明したりするものもあります。このような紹介方法においては，商品の良いところ（メリット）はもちろん，悪いところ（デメリット）も説明することがあります。実際の使用感については人それぞれですし，商品の比較によって明らかになる部分もありますから，デメリットを説明すること自体は問題ないことです。

　ただ，真実でない内容を書いてしまったりすると，その商品や事業者の信用を毀損したとされることがあります。紹介文の書き方にもよりますが，たとえば「実際に使用したら1週間で壊れた」「1カ月試してみたが，全く効果がなかった」というような書き方をしているにもかかわらず，実際は使用したことがなかったような場合には，真実でない内容を書いたものとして信用毀損が認められる可能性があります。

　特に，ネガティブな評価を書く場合は，その根拠がわかる証拠を残しておくことが望ましいといえます。実際に使用したことを前提とした評価を書くのであれば，その商品を購入したことまたは使用したことがわかる資料を残しておきます。そうでないと，仮に法的請求がなされた場合に，サイト管理者側に有効な証拠がなく適切な反論ができない事態に陥ることがあります。

58　第2章　予 防 編

b　ランキング形式でも違法となる場合がある

　商品やサービスを比較する際，ランキング形式で行うこともあります。ランキングを決める際の評価方法はさまざまですが，表示の内容によっては，権利侵害があると判断されることがあり，実際に権利侵害が認められた裁判例[21]も存在します。

　この事件は，ある業種の事業者のランキングを表示したサイトにおいて，最下位とされた事業者が，権利を侵害されたとして争ったものです。このサイトでは，「消費者にアンケート調査をした結果」をランキングにしたという建前となっていました。しかし，裁判では，「アンケートを実施した形跡がない」ことを事情の1つとしてあげ，権利侵害を認めました。

　この裁判例からもわかるとおり，やはり虚偽の内容を表示してしまうと，権利侵害があると判断される可能性が高くなります。アフィリエイト報酬の高い広告を上位に記載したいと考えるサイト管理者もいるかと思われますが，そのために虚偽の内容で他の事業者を貶（おと）めることはいけません。また，仮に真実を記載する場合であっても，下位にされた事業者が権利侵害を受けたとして法的請求を行ってくることもありますから，ランキング評価の根拠とした資料はしっかり残しておくべきでしょう[22]。

Point　│ #15　ステマ（ステルスマーケティング）は許される？　　　　 Q

　中立の消費者を装った人が，自身や特定の者の利益のために，ウェブサイト上で商品やサービスをポジティブに評価するようなことがあります。しかし，これは一般の消費者をいわば"だます"ものとも評価し得るものです。

21　東京地判平成27年8月20日（2015WLJPCA08208008）。

22　なお，サイトの形式・種類やケースにもよりますが，アフィリエイトサイトは主に営利目的のサイトであるため，名誉毀損の違法性阻却事由の1つである"公益目的"が認められないこともあります。この場合，記載内容が真実であっても損害賠償請求がなされますから，やはり，そもそも社会的評価の低下を招かないような表現を使うことが無難でしょう。

そのため，これは「ステマ（ステルスマーケティング）」とよばれる問題行動としてしばしば議論の対象となっています。

このような「ステマ」を，その商品やサービスを提供している事業者自身が行い，または依頼して行わせることは，景表法[23]違反となる可能性があります。また，万が一「ステマ」を行っていたことが一般に知れ渡ってしまうと，"炎上"してしまう可能性もあります。具体的に誰かの権利を侵害しているわけではないので削除・開示請求や損害賠償がなされる可能性は低いですが，行政措置などを受けることもあり得るので注意が必要です。

なお，アフィリエイトサイトの運営者（アフィリエイター）が，自身の判断で「ステマ」を行っても，景表法の問題は生じません。景表法は，「自己の供給する」ものについての規制だからです。アフィリエイターが紹介するのは，自身の提供する商品やサービスではありませんから，この規制の対象外にあるのです。ただ，景表法の対象とならないといっても，自身の広告文について何の責任を負わないとは考えられていません。広告主に法的責任が認められた例も過去に存在するところです。結局，自身の広告と損害との間に因果関係が認められれば損害賠償責任を負うことは免れませんので，宣伝が行き過ぎるあまり人に損害を与えるような広告文は記載しないようにしましょう[24]。

3　サーバ管理者

レンタルサーバの管理者も，自身の管理しているサーバ上に他人の権利を侵害するような情報が掲載されている場合は削除・開示請求を受けることがあります。

本来であれば，被害者はサーバの利用者に対して法的請求を行うのが自然です。しかし，発信者が匿名であったり，サイト上にサイト管理者の情報が掲載されていなかったりするケースがあります。これらの場合，被害者はサイト管

23　この法律の正式名称は，「不当景品類及び不当表示防止法」といいます。
24　アフィリエイトサイトの広告であっても，薬事法や金融商品取引法の広告規制の対象になり得ます。

60 第2章 予 防 編

理者や発信者に対して法的請求ができません。しかし，この場合でも，その
ウェブサイトについて「whois検索」を行うと，そのサーバを管理する者の情
報は出てきます。そのような経緯で，サーバ管理者に対してもサーバ上の権利
侵害情報に関して法的請求がなされることがあるのです。

　プロバイダ責任制限法上は「投稿型サイト」の管理者と同様の立場にありま
す[25]。そのため，法的リスク回避の方法も，投稿型サイトと同様に考えて差支
えありません。

　サイト管理者と違いがあるとすれば，サーバ管理者は任意請求と仮処分だけ
でなく「訴訟」を受ける可能性が高いということでしょう。サーバ管理者は，
基本的にサーバ利用者と契約を締結しますから，サーバ利用者の氏名・名称や
住所などの情報をもっています。そうすると，サーバ利用者が「発信者」にあ
たる場合，被害者がサーバ利用者の情報開示を求めて訴訟を提起してくること
があるのです。

---

[25]　サーバ管理者もプロバイダ責任制限法上の「特定電気通信役務提供者」に該当しますか
　　ら，削除や発信者情報開示請求の対象になります。

2 削除・開示請求対応の事前準備

　実際に削除・開示請求がなされることを想定し，その対応の体制を構築しておくことが望ましいといえます。これを行っておかないと，被害者からの削除・開示請求がバラバラの形式でなされることになりますし，対応もその都度1から検討しなければならなくなり，時間や手間がかかるばかりでなく，対応を誤る可能性もあるからです。

```
┌─────────────────────────────────────────┐
│  図表4    事前準備でやるべきこと・チェックリスト  │
└─────────────────────────────────────────┘
```

☐　削除・開示請求の窓口を設置し，請求の方法（形式）を決める
☐　削除請求書・開示請求書に記載してもらう内容・書式を指定する
☐　添付資料を指定する
☐　請求者に対する最終的な回答の形式・書式を決める
☐　対応フローを構築しておく
　　（発信者と連絡を取ることができる場合）
☐　発信者に対する意見照会・意見聴取と回答書の形式・書式を決める

1 削除・開示請求の窓口を設置し，請求の方法(形式)を決める

　まずは削除・開示請求の窓口を設置するとともに，受け付ける請求の方法（形式）を決めましょう。これをしておかないと，電話，ファックス，郵便，メールなど，さまざまな形で請求がなされてしまいます[26]。

26　サイト管理者の場合，利用しているレンタルサーバに対して請求がなされることもあります。レンタルサーバに対してあまりに多くの請求がなされてしまうと，サーバの利用の継続が断られてしまう可能性もあり，サイト管理者にとっては望ましいこととはいえません。その意味でも，削除・開示請求の窓口を設置しておく必要性はあるといえます。

62　第2章　予　防　編

　請求の方法（形式）は，請求書等を郵送してもらう形式がよいでしょう。請求の内容が明確になり，また記録にも残るためです。

　もっとも，郵送の方法では迅速性に欠けますし，記録の保管が物理的に困難になるおそれもあります。そのため，記録が適切に保存できる限り，申請用のメールアドレス，メールフォームを設置する形式でもよいと思われます。

　一方，電話や口頭では請求内容がはっきりしないことが多く，また記録にも残りません。そのため，電話や口頭での請求については受け付けないとすることが無難でしょう。

2　削除請求書・開示請求書に記載してもらう内容・書式を指定する

　削除請求書・開示請求書には，削除・開示を行うべきかを判断するための情報を記載してもらう必要があります。請求を受けるたびに不足する情報を指摘することは煩雑ですから，ある程度はサイト・サーバ管理者側で項目を指定し，ウェブサイト上などでアナウンスしておきましょう。

　請求書に記載すべき事項は，最低限，次のものが必要です。

【通常サイト，投稿型サイトおよびサーバ共通】
- 氏名（法人の場合は，法人の名称と代表者名・担当者名）
- 住所
- 連絡先（電話番号，FAX番号，メールアドレスなど）
- 権利を侵害する情報を特定するための情報（URL，スレッドタイトル，投稿日時，ID，ファイル名など）
- 権利を侵害する情報の内容（記載内容など）
- 侵害されたとする権利
- 権利が侵害されたとする理由

【投稿型サイトおよびサーバのみ】
- 請求書記載内容のうち，発信者に示すことに同意する情報の範囲

② 削除・開示請求対応の事前準備 *63*

【開示請求の場合のみ】
- 発信者情報の開示を受けるべき正当理由
- 開示を請求する発信者情報

メールフォームを設置する場合は，これらの情報を入力する項目を作成することが望ましいといえます。

なお，社団法人テレコムサービス協会（以下「テレサ協」といいます）が，上記事項を網羅した請求書の書式を公表していますから，これらの書式の利用を指定するのでもよいでしょう[27]。

書式1 テレサ協・削除請求書（名誉毀損・プライバシー）

書式① 侵害情報の通知書（名誉毀損・プライバシー）

　　　　　　　　　　　　　　　　　　　　　　　　　年　　月　　日

至　［特定電気通信役務提供者の名称］御中

　　　　　　　　　　　　　［権利を侵害されたと主張する者］
　　　　　　　　　　　　　　　住所
　　　　　　　　　　　　　　　氏名　（記名）　　　　　　　印
　　　　　　　　　　　　　　　連絡先（電話番号）
　　　　　　　　　　　　　　　　　　（e-mail アドレス）

27　もっとも，書式に従わないことのみをもって請求に応じないとすることは控えましょう。法律上の削除・開示義務は，請求者が書式に従わないからといって免れるものではないからです。プロバイダ責任制限法ガイドライン等検討協議会「プロバイダ責任制限法発信者情報開示関係ガイドライン　第4版」（2016年）4頁は，「プロバイダ等としては，書式①（筆者注：本書にて紹介されている請求書書式）に固執して，それ以外の開示を一切行わないといった対応をとることは相当ではない。発信者情報開示請求権は，実体的な権利であり，請求の方式にこだわるあまり，権利の存否の判断を怠って開示を拒む場合には，第4条第4項の重過失に基づく責任が認められる場合もあるからである」としています。

64　第2章　予　防　編

侵害情報の通知書　兼　送信防止措置依頼書

　あなたが管理する特定電気通信設備に掲載されている下記の情報の流通により私の権利が侵害されたので，あなたに対し当該情報の送信を防止する措置を講じるよう依頼します。

記

掲載されている場所		ＵＲＬ： その他情報の特定に必要な情報：（掲示板の名称，掲示板内の書き込み場所，日付，ファイル名等）
掲載されている情報		例）私の実名，自宅の電話番号，及びメールアドレスを掲載した上で，「私と割りきったおつきあいをしませんか」という，あたかも私が不倫相手を募集しているかのように装った書き込みがされた。
侵害情報等	侵害されたとする権利	例）プライバシーの侵害，名誉毀損
	権利が侵害されたとする理由（被害の状況など）	例）ネット上では，ハンドル名を用い，実名及び連絡先は非公開としているところ，私の意に反して公表され，交際の申込やいやがらせ，からかいの迷惑電話や迷惑メールを約○○件も受け，精神的苦痛を被った。

上記太枠内に記載された内容は，事実に相違なく，あなたから発信者にそのまま通知されることになることに同意いたします。

	発信者へ氏名を開示して差し支えない場合は，左欄に○を記入してください。○印のない場合，氏名開示には同意していないものとします。

（出所 ▶ http://www.isplaw.jp/p_form.pdf）

②　削除・開示請求対応の事前準備　65

書式2　　テレサ協・発信者情報開示請求書

書式①　発信者情報開示請求標準書式

年　　月　　日

至　[特定電気通信役務提供者の名称] 御中

[権利を侵害されたと主張する者] (注1)

住所

氏名　　　　　　　　　　印

連絡先

発信者情報開示請求書

　[貴社・貴殿] が管理する特定電気通信設備に掲載された下記の情報の流通により，私の権利が侵害されたので，特定電気通信役務提供者の損害賠償責任の制限及び発信者情報の開示に関する法律（プロバイダ責任制限法。以下「法」といいます。）第4条第1項に基づき，[貴社・貴殿] が保有する，下記記載の，侵害情報の発信者の特定に資する情報（以下，「発信者情報」といいます）を開示下さるよう，請求します。

　なお，万一，本請求書の記載事項（添付・追加資料を含む。）に虚偽の事実が含まれており，その結果 [貴社・貴殿] が発信者情報を開示された契約者等から苦情又は損害賠償請求等を受けた場合には，私が責任をもって対処いたします。

記

[貴社・貴殿] が管理する特定電気通信設備等	(注2)
掲載された情報	

66　第2章　予防編

	侵害された権利	
侵害情報等	権利が明らかに侵害されたとする理由（注3）	
	発信者情報の開示を受けるべき正当理由（複数選択可）（注4）	1．損害賠償請求権の行使のために必要であるため 2．謝罪広告等の名誉回復措置の要請のために必要であるため 3．差止請求権の行使のために必要であるため 4．発信者に対する削除要求のために必要であるため 5．その他（具体的にご記入ください）
	開示を請求する発信者情報（複数選択可）	1．発信者の氏名又は名称 2．発信者の住所 3．発信者の電子メールアドレス 4．発信者が侵害情報を流通させた際の，当該発信者のIPアドレス（注5） 5．侵害情報に係る携帯電話端末等からのインターネット接続サービス利用者識別符号（注5） 6．侵害情報に係るSIMカード識別番号のうち，携帯電話端末等からのインターネット接続サービスにより送信されたもの（注5） 7．4ないし6から侵害情報が送信された年月日及び時刻
	証拠（注6）	添付別紙参照
	発信者に示したくない私の情報（複数選択可）（注7）	1．氏名（個人の場合に限る） 2．「権利が明らかに侵害されたとする理由」欄記載事項 3．添付した証拠

（注1）　原則として，個人の場合は運転免許証，パスポート等本人を確認できる公的書類の写しを，法人の場合は資格証明書を添付してください。

（注2）　URLを明示してください。ただし，経由プロバイダ等に対する請求においては，IPアドレス等，発信者の特定に資する情報を明示してください。

（注3）　著作権，商標権等の知的財産権が侵害されたと主張される方は，当該権利の正当な権利者であることを証明する資料を添付してください。

（注4）　法第4条第3項により，発信者情報の開示を受けた者が，当該発信者情報をみだりに用いて，不当に当該発信者の名誉又は生活の平穏を害する行為は禁じられています。

（注5）　IPアドレス，携帯電話端末等からのインターネット接続サービス利用者識別符号及びSIMカード識別番号のうち，携帯電話端末等からのインターネット接続サービスにより送信されたものについては，特定できない場合がありますので，あらかじめご承知おきください。

（注6）　証拠については，プロバイダ等において使用するもの及び発信者への意見照会用の2部を添付してください。証拠の中で発信者に示したくない証拠がある場合（注7参照）には，発信者に対して示してもよい証拠一式を意見照会用として添付してください。

（注7）　請求者の氏名（法人の場合はその名称），「管理する特定電気通信設備」，「掲載された情報」，「侵害された権利」，「権利が明らかに侵害されたとする理由」，「開示を受けるべき正当理由」，「開示を請求する発信者情報」の各欄記載事項及び添付した証拠については，発信者に示した上で意見照会を行うことを原則としますが，請求者が個人の場合の氏名，「権利侵害が明らかに侵害されたとする理由」及び証拠について，発信者に示してほしくないものがある場合にはこれを示さずに意見照会を行いますので，その旨明示してください。なお，連絡先については原則として発信者に示すことはありません。

　　　ただし，請求者の氏名に関しては，発信者に示さなくとも発信者により推知されることがあります。

以上

［特定電気通信役務提供者の使用欄］

68　第2章　予防編

開示請求受付日	発信者への 意見照会日	発信者の意見	回答日
（日付）	（日付） 照会できなかった 場合はその理由：	有（日付） 無	開示（日付） 非開示（日付）

(出所 ▶ http://www.isplaw.jp/p_form.pdf)

3　添付資料を指定する

請求の際に提示してもらう添付資料としては，次のものが考えられます[28]。

① 本人確認書類
② 委任状（代理人による請求の場合）
③ 権利が侵害されたとする理由の有無を判断するための証拠

① 本人確認書類

削除・開示請求は，原則として被害者本人しか行うことができません[29]。また，被害者からの請求という形式をとっていても，他人が被害者になりすまして請求を行ってくることも考えられます[30]。そのため，公的機関が発行する書類などで本人確認を行う必要があります。

この本人確認のための書類としては，印鑑証明書（発行後3カ月以内のもの）

28　なお，メールで請求を受け付ける場合，添付資料は画像データで送付してもらう方法をとることが一般的です。

29　例外として，私事性的画像記録等被害防止法4条柱書の場合があります。

30　インターネット上のコンテンツの削除や開示請求を取り扱うと謳っている者の中には，弁護士でない者もあります。削除請求や開示請求は弁護士法上の「法律事務」（72条）に該当しますから，原則として弁護士以外が本人に代わってこれらの請求を行うことはできません。しかし，削除業者の中には，依頼を受けた本人の名を騙り，本人自身による請求であるように見せかけて削除・開示請求を行ってくる者もあります。これは，弁護士法の潜脱であって，違法行為です。

が望ましいと考えられています。書面の郵送の形で請求がなされる場合，請求者の押印があるのが通常ですから，その印影が印鑑証明書と一致していれば，それは本人からの請求であると考えて差支えありません。

ただ，すべての人が印鑑登録を行っているとは限りませんし，毎回印鑑証明書を要求することは手間でもあります。実際は，本人確認をパスポートや運転免許証の写しなどで代用することも少なくありません。本人からの請求であることに疑義があるような場合でなければ，そのような本人確認方法でも許容されると思われます。

②　委任状（代理人による請求の場合）

前述のとおり，被害者本人が削除請求をするのが原則ですが，被害者に代わって代理人が削除・開示請求を行うケースもあります。このような場合は，代理する権限があるかどうかを確認するため，委任状を提示してもらう必要があるでしょう。

ただし，誰でも削除・開示請求の代理人になれるわけではありません。削除・開示請求は弁護士法上の「法律事務」（72条）にあたりますから，代理行為を仕事として[31]行うのは，原則として弁護士しかできないのです。そのため，行政書士，司法書士が削除・開示請求の代理・代行を行うことはできませんし，代理・代行すると謳っている企業・業者なども代理人となることもできません。これらの者が代理人となっている場合は，たとえ委任状があるときでも，原則として請求に応じるべきではありません[32][33]。

31　弁護士法では「報酬目的で」「業と（して）」と表現されています。

32　弁護士以外であっても代理人になれる場合があります。未成年者の親権者（両親）がその典型です。この場合は，戸籍謄本や住民票などを確認し，「被害者が未成年であること」と「削除請求者が被害者の親権者であること」を確認しましょう。

33　法務省人権擁護機関が被害者の申告に基づき請求を行うこともあり，このような請求も適法なものとされています。ただ，そのような機関によるものであるからといって，請求に応じることがすべて正当化されるわけではありません。サイト・サーバ管理者としては，やはり請求内容については慎重に検討しておくことが必要です。

70　第2章　予　防　編

　なお，弁護士が代理して請求がなされるケースについては，委任状の提示は不要と考えられています[34]。そのため，弁護士からの請求については原則として委任状の提示を求める必要まではないでしょう。もっとも，委任状を提示させることが禁止されているわけではありませんし，権限のない者が弁護士を騙って請求を行うことも考えられますから，代理権があることについて疑義があるような場合には，委任状の提示を求めても差支えありません。

③　権利が侵害されたとする理由の有無を判断するための証拠

　どのような資料がこれにあたるかは，請求の内容によってまちまちです。基本的には請求者側が資料の取捨選択を行うものですから，サイト・サーバ側が積極的に資料の指定をする必要まではありません。

Point　| #16　著作権の管理について　　　　　　　　　　　　　　　Q |

　削除・開示請求は，著作権侵害を理由になされることもあります。この場合，請求者は著作権者であるのが原則ですが，"著作権を管理する者"であるなどとして著作権者に代わって請求がなされるケースもあります。
　しかし，ひとくちに"著作権を管理"するといってもさまざまな形態があり，著作権等管理事業[35]として行われている場合のほか，単に事務作業を代行しているにすぎない場合もあります。つまり，"著作権を管理する者"であるとの説明を受けたからといって，その者が適法に削除・開示請求を行う権限があるとは限らないのです。"著作権を管理する者"という説明を受けた場合は，具体的にどのような根拠で削除・開示請求を行う権限があるかを確認するとともに，それを裏付ける資料を確認する必要があるといえます。

34　プロバイダ責任制限法ガイドライン等検討協議会『プロバイダ責任制限法　名誉毀損・プライバシー関係ガイドライン』35頁（第3版補訂版　2014年）。
35　著作権等管理事業を行うためには，文化庁長官の登録を受ける必要があります（著作権等管理事業法3条）。

4 請求者に対する最終的な回答の形式・書式を決める

　削除・開示請求について，応じるか拒否するかいずれの場合であっても，その結果は請求者に通知すべきです[36]。この通知の形式や文面はあらかじめ決めておきましょう。

　このときの通知に，処理の理由を記載する必要はありません。理由を明らかにすることは法律が要求するものではないからです。そのため，たとえば削除するとした場合は「削除しました」というもので足りますし，削除しないときも「慎重に検討した結果，今回は削除に至りませんでした」とか「プロバイダ責任制限法（特定電気通信役務提供者の損害賠償責任の制限及び発信者情報の開示に関する法律）３条２項１号所定の「権利が不当に侵害されていると信じるに足りる相当の理由」を認めることができないため，削除するに至りませんでした」といった程度の理由の記載でも問題ないでしょう。

　なお，開示請求については，テレサ協が通知書の書式を公表しています。

書式3−1 　通知書（開示するケース）

書式④　発信者情報開示決定通知書

　　　　　　　　　　　　　　　　　　　　　　　　年　　月　　日

至　［権利を侵害されたと主張する者］様

　　　　　　　　　　　　　　　［特定電気通信役務提供者の名称］

36　特に，請求に応じないとした場合，その結果を請求者に通知しておかないと，「削除請求を放置した」と判断されてしまうことがあります。また，任意請求が成功しなかった場合，請求者は，裁判手続など次のアクションを検討することになりますが，請求に応じないとしたことを請求者に伝えなければ，次のアクションに移るタイミングを失ってしまう可能性があります。これらは，サイト管理者・サーバ管理者に対する損害賠償請求の理由にもなり得ますから，この意味でも，検討結果は通知しておくことが望ましいといえます。

72 第2章 予 防 編

住所
氏名
連絡先

通 知 書

　貴殿から下記情報に関し請求のありました，〔弊社・私〕が保有する発信者情報の開示について，添付別紙の通り開示いたしますので，その旨ご通知申し上げます。なお，開示を受けるにあたっては，下記の注意事項をご理解いただきますよう，お願い申し上げます。

記

［注意事項］
特定電気通信役務提供者の損害賠償責任の制限及び発信者情報の開示に関する法律（プロバイダ責任制限法）第4条第3項により，当該発信者情報をみだりに用いて，不当に発信者の名誉又は生活の平穏を害する行為は禁じられています。

以　上

（出所 ▶ http://www.isplaw.jp/d_form.pdf）

書式3－2　　**通知書（開示しないケース）**

書式⑤　発信者情報不開示決定通知書

年　　　月　　　日

至　〔権利を侵害されたと主張する者〕様

〔特定電気通信役務提供者の名称〕
住所
氏名
連絡先

通知書

　貴殿から下記情報の発信者情報の開示について請求がありましたが，下記の理由で，開示に応じることは致しかねますので，その旨ご通知申し上げます。

記

［理由］（いずれかに○）

1．貴殿よりご連絡のあった情報を特定することができませんでした。

2．貴殿よりご連絡のあった発信者情報を保有しておりません。

3．貴殿よりご連絡のあった情報により，「権利が侵害されたことが明らか」（法第4条第1項第1号）であると判断できません。

4．貴殿が挙げられた，発信者情報の開示を受けるべき理由が，「開示を受けるべき正当な理由」（法第4条第1項第2号）に当たると判断できません。

5．貴殿から頂いた発信者情報開示請求書には，以下のような形式の不備があります。

　不備内容：

6．その他（追加情報の要求等　　　　　　　　　　　　　　　　　　）

以　上

（出所 ▶ http://www.isplaw.jp/d_form.pdf）

5　対応フローを構築しておく

　削除・開示請求の流れについては「第3章　対応編」で解説する内容をもとに，対応フローを事前に決めておきます。特に法人の場合は，削除・開示すべきかをどのようなルール・プロセスで判断するのかを決めておきましょう。社内規程として稟議規程などがある場合は，削除・開示についての規定を追加しておくことも有効です。

74 第2章 予防編

6 発信者に対する意見照会・意見聴取と回答書の形式・書式を決める

　意見照会・意見聴取の制度は，プロバイダ責任制限法（3条2項2号，4条2項など）に定められているものです。発信者と連絡をとることができる場合にしか利用できませんが，これを行っておくと免責を受けられることがありますので，実施しておくことが望ましいものといえます。

　意見照会・意見聴取の形式は，郵送で行うのが一般的です。サイト・サーバの利用契約などで発信者の住所氏名を把握している場合は，郵送で行うのが良いでしょう。一方，発信者のメールアドレスのみ把握しているというケースでは，メールで意見照会・意見聴取を行うことになります。

　形式を決定したら，意見照会・意見聴取として送付する文面・書式を決定します。その内容としては，最低限次の項目が必要です。

- 発信者の発信した情報について，削除または開示請求があったこと
- 侵害されたとする権利
- 削除・開示に同意するかどうか
- 削除・開示に同意しないとした場合であって，それに理由があるときは，その理由を回答すべきこと
- 回答期限
- 回答の方法と送付先
  （請求者が発信者に対して示すことに同意した範囲内でのみ）※
- 権利を侵害する情報を特定するための情報（URL，スレッドタイトル，投稿日時，ID，ファイル名など）
- 権利を侵害する情報の内容（記載内容など）
- 権利が侵害されたとする理由
- 権利が侵害されたとする理由を理由づける資料
  （開示請求の場合のみ）
- 請求者が主張する，発信者情報の開示を受けるべき正当理由

② 削除・開示請求対応の事前準備 _75_

> ・開示が請求されている発信者情報の内容

※ 請求者の氏名等については，原則として照会書に記載すべきではないと考えられています[37]。

回答期限については，削除請求は原則として7日以内と法律で決まっています（プロバイダ責任制限法3条2項2号）。開示請求については法律の定めはありませんが，2週間程度とするのが一般的なようです[38]。

回答の形式については，郵送とするのが一般的です。回答書の書式と送付先を指定したうえで，原本を発信者に郵送してもらうのが良いでしょう。回答内容を根拠づける証拠資料がある場合は，それも同封してもらいます。メールでの回答が禁止されるわけではありませんが，回答に不備が生じるなどのリスクがあります。

意見照会・意見聴取を郵送で行う場合は，回答書を同封しましょう。回答書の書式については，最低限，①削除・開示に同意するかどうかと，②同意しないとする場合で，理由がある場合にはその理由の記載欄が必要です。

なお，削除請求，開示請求のいずれについても，テレサ協が意見照会・意見聴取と回答書の書式を公表していますから，これらの書式を利用するのも良いでしょう。

書式4 削除請求についての意見照会書（名誉毀損・プライバシー）

書式② 侵害情報（名誉毀損・プライバシー）

年 月 日

---

37 ただし，その他の情報等を記載することで結果的に請求者の氏名等が判明してしまう場合もありますが，この場合は，照会先に氏名等が知れたとしてもやむを得ないと考えられています。（プロバイダ責任制限法ガイドライン等検討協議会「プロバイダ責任制限法 名誉毀損・プライバシー関係ガイドライン 第3版補訂版」(2014年) 36頁)。

38 プロバイダ責任制限法ガイドライン等検討協議会「プロバイダ責任制限法発信者情報開示関係ガイドライン 第4版」(2016年) 9頁。

76　第2章　予　防　編

至〔　　　　発信者　　　　〕御中

[特定電気通信役務提供者]
　　住所
　　社名
　　氏名
　　連絡先

侵害情報の通知書　兼　送信防止措置に関する照会書

　あなたが発信した下記の情報の流通により権利が侵害されたとの侵害情報ならびに送信防止措置を講じるよう申し出を受けましたので，特定電気通信役務提供者の損害賠償責任の制限及び発信者情報の開示に関する法律（平成13年法律第137号）第3条第2項第2号に基づき，送信防止措置を講じることに同意されるかを照会します。

　本書が到達した日より7日を経過してもあなたから送信防止措置を講じることに同意しない旨の申し出がない場合，当社はただちに送信防止措置として，下記情報を削除する場合があることを申し添えます。また，別途弊社契約約款に基づく措置をとらせていただく場合もございますのでご了承ください。*

　なお，あなたが自主的に下記の情報を削除するなど送信防止措置を講じていただくことについては差し支えありません。

記

掲載されている場所	URL：
掲載されている情報	
侵害情報等	侵害されたとする権利	
	権利が侵害されたとする理由	

② 削除・開示請求対応の事前準備　*77*

＊発信者とプロバイダ等（特定電気通信役務提供者）との間に契約約款などがある場合
に付加できる。

(出所 ▶ http://www.isplaw.jp/p_form.pdf)

書式5　　削除請求についての回答書（名誉毀損・プライバシー）

参考書式　回答書（名誉毀損・プライバシー）

　　　　　　　　　　　　　　　　　　　　　　　　　年　　　月　　　日

至　［特定電気通信役務提供者の名称］御中　　　　　　　　　　　　．

　　　　　　　　　　　　　　　［発信者］
　　　　　　　　　　　　　　　　住所
　　　　　　　　　　　　　　　　氏名
　　　　　　　　　　　　　　　　連絡先

回　答　書

　あなたから照会のあった次の侵害情報の取扱いについては，下記のとおり回
答します。

　［侵害情報の表示］

掲載されている場所		URL：
掲載されている情報		
侵害情報等	侵害されたとする権利	
	権利が侵害されたとする理由	

78　第2章　予　防　編

記

[回答内容]（いずれかに○※）

（　　）送信防止措置を講じることに同意しません。

（　　）送信防止措置を講じることに同意します。

（　　）送信防止措置を講じることに同意し，問題の情報については，削除しました。

[回答の理由]

※○印のない場合，同意がなかったものとして取扱います。

以　上

（出所 ▶ http://www.isplaw.jp/p_form.pdf）

書式6　　開示請求についての意見照会書

書式②　発信者に対する意見照会書

年　　月　　日

至　[　　　　　発信者　　　　　]　御中

[特定電気通信役務提供者]

住所

社名

氏名

連絡先

発信者情報開示に係る意見照会書

　この度，貴方が発信されました，次葉記載の情報の流通により権利が侵害されたと主張される方から，貴方の発信者情報の開示請求を受けました。つきましては，特定電気通信役務提供者の損害賠償責任の制限及び発信者情報の開示

2　削除・開示請求対応の事前準備　79

に関する法律（プロバイダ責任制限法）第4条第2項に基づき，〔弊社・私〕が
開示に応じることについて，貴方のご意見を照会いたします。

　ご意見がございましたら，本照会書受領日から二週間以内に，添付回答書に
てご回答いただきますよう，お願いいたします。二週間以内にご回答いただけ
ない事情がございましたら，その理由を〔弊社・私〕までお知らせください。
開示に同意されない場合には，その理由を，回答書に具体的にお書き添えくだ
さい。なお，ご回答いただけない場合又は開示に同意されない場合でも，同法
の要件を満たしている場合には，〔弊社・私〕は，貴方の発信者情報を，権利が
侵害されたと主張される方に開示することがございますので，その旨ご承知お
きください。

請求者の氏名 （法人の名称）		
〔弊社・私〕が管理する 特定電気通信設備		
掲載された情報		
侵害情報等	侵害された権利	
	権利が明らかに侵害されたとする理由	
	発信者情報の開示を受けるべき正当理由	1．損害賠償請求権の行使のために必要であるため 2．謝罪広告等の名誉回復措置の要請のために必要であるため 3．差止請求権の行使のために必要であるため 4．お客様に対する削除要求のために必要であるため 5．その他
	開示を請求されているお客様の発信者情報	1．貴方の氏名又は名称 2．貴方の住所 3．貴方の電子メールアドレス 4．貴方が情報を流通させた際の，貴方のIPアドレス

80 第2章 予 防 編

		5．侵害情報に係る貴方の携帯電話端末等からのインターネット接続サービス利用者識別符号 6．侵害情報に係る貴方のSIMカード識別番号のうち，携帯電話端末等からのインターネット接続サービスにより送信されたもの 7．4ないし6から侵害情報が送信された年月日及び時刻
	証拠	添付別紙参照
	その他	

以 上

（出所 ▶ http://www.isplaw.jp/d_form.pdf）

書式7　開示請求についての回答書

書式③　発信者からの回答書

年　　月　　日

至　〔特定電気通信役務提供者の名称〕御中

〔発信者〕

　　住所

　　氏名　　　　　　　　　　　印

　　連絡先

回 答 書

　〔貴社・貴方〕より照会のあった私の発信者情報の取扱いについては，下記のとおり回答します。

記

[回答内容]（いずれかに○）

（　）発信者情報開示に同意しません。
[理由]（注）

（　）発信者情報開示に同意します。
[備考]

以　上

（注）　理由の内容が相手方に対して開示を拒否する理由となりますので，詳細
に書いてください。証拠がある場合は，本回答書に添付してください。

（出所 ▶ http://www.isplaw.jp/d_form.pdf）

第3章

対 応 編

　第3章では，実際に削除・開示請求がなされたときの流れと対応を解説します。流れの全体を理解することで，自信をもって対応することが可能になります。

1	請求書が届いたら？―まず確認すべきこと
2	削除請求への対応
3	発信者情報開示請求への対応
4	損害賠償請求への対応
5	裁判への対応
6	捜査機関への対応

84 第3章 対 応 編

1 請求書が届いたら？ ─まず確認すべきこと

1 誰から送られた書類か

　削除・開示請求がなされたら，その手続が任意請求なのか裁判なのかを把握しなければなりません。この2つの見分け方は簡単です。それは，「誰から」通知が届いたかを見ることです。

　裁判の場合，必ず裁判所から「呼出状」というものが届きます。呼出状には，「平成○○年××月△△日，□□裁判所に出頭してください」という内容が書いてあります。

　裁判所からの呼出状がないものは，すべて任意請求です。たとえ弁護士からの手紙であっても，法律の条文がたくさん記載してあっても，それは任意請求となります。

Point | #17　東京地方裁判所民事第9部の運用について | 🔍

　請求者が「仮処分」を東京地方裁判所に申し立てた場合，普通は民事第9部というところが担当することになります。民事第9部の運用としては，呼出状は裁判所が送付しますが，申立書副本や疎明資料などは請求者が直接送付することとされています。この運用により，サイト・サーバ管理者のもとには，裁判所からの呼出状より先に，請求者（多くは請求者の代理人弁護士）から書類が届くことがあります。この場合は任意請求ではありません。

2 請求の種類は？

　次に，請求の種類が削除請求なのか，発信者情報開示請求なのかを確認します。場合によっては損害賠償請求のケースもあるでしょう。

　なお，請求の内容として「送信防止措置」や「投稿記事削除」などと記載があることもありますが，これらはすべてインターネット上の情報の削除を意味します。

削除請求への対応

　削除請求への対応は，請求を受けるサイト・サーバの種類によって大きく変わってきます。これには，次の3パターンがあります。

> Ⅰ　投稿型サイト管理者またはサーバ管理者に対してなされる場合
> Ⅱ　通常サイト管理者（＝発信者）に対してなされる場合

　これらに加え，通常サイトをレンタルサーバで運営しているような場合，次のケースもあり得ます。

> Ⅲ　サイト管理者が，削除請求を受けたサーバ管理者から照会を受ける場合

　以下では，これらⅠ～Ⅲのケースにおいて，各管理者がどのような対応をすべきかについて説明していきます。

1　投稿型サイト管理者，サーバ管理者

　投稿型サイト管理者とサーバ管理者に対して削除請求がなされたときの対応はほぼ同じです。

2　削除請求への対応

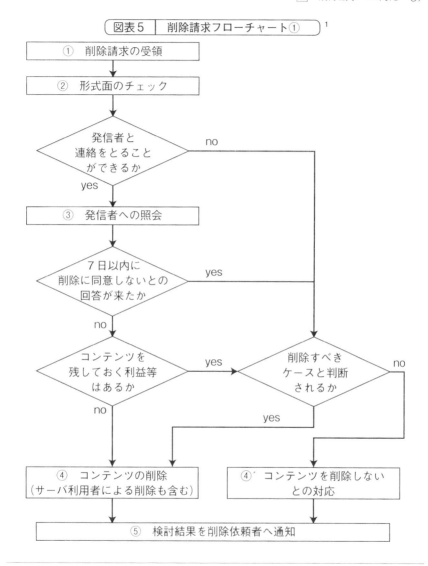

図表5　削除請求フローチャート①[1]

1　テレサ協が公表している「送信防止措置の流れ」(http://www.isplaw.jp/stopsteps_p.html) は，このフローチャートと違い，③の照会の前に自主的に削除の要否を検討するとしています。しかし，法律上は必ずしも照会前にそれをしなければならないわけではありません。本書では，法的リスクをなるべく避けるということを重視し，上記の流れをとることをおすすめしています。

88　第3章　対　応　編

①　削除請求の受領

削除請求は，削除請求者からの請求をきっかけとして始まります[2]。

サーバ管理者に対する削除請求は，削除（送信防止措置）請求書が郵送されてくることが一般的でしょう。投稿型サイト管理者に対する削除請求は，削除請求書が郵送されてくる場合のほか，メールフォームからなされることもあります。メールなどで削除請求を受け付けるときは，削除請求に必要な情報や資料をアナウンスしておきましょう。

②　形式面のチェック

削除請求が届いたとき，まずは削除請求の形式面をチェックします。形式面を確認しないまま削除に応じたり，逆に拒否したりすると，法的リスクが大きくなってきます。まずは落ち着いて請求の中身を確認しましょう。

形式面で確認すべき事項は，次のとおりです。

形式面のチェック項目

☐　被害者からの請求であるか　…a
☐　本人確認の書類がそろっているか　…b
☐　削除請求書に記載すべき内容が明記されているか　…c
〈代理人からの請求である場合〉
☐　代理権はあるか（委任状の確認）　…d

---

a　被害者からの請求であるか

削除請求をしてきた人が被害者本人でない限り，原則として削除請求に対応する必要はありません。

2　法律上は，サーバ管理者・投稿型サイト管理者には流通している情報の内容を網羅的に監視する義務はないと考えられています（総務省「特定電気通信役務提供者の損害賠償責任の制限及び発信者情報の開示に関する法律―解説―」（2016年）11～12頁，プロバイダ責任制限法ガイドライン等検討協議会「プロバイダ責任制限法　名誉毀損・プライバシー関係ガイドライン　第3版補訂版」（2014年）3頁）。

削除請求は誰でもできるわけではありません。法的に削除請求ができる場合とは，発信された情報によって「自身の権利が侵害されたとき」です。つまり，権利の侵害を受けた本人（被害者）でなければ，原則として削除請求はできないのです。

そのため，たとえば自分の行った投稿（自己投稿）を削除して欲しいとか，友達のことが書かれているから消してあげて欲しいとか，そのような削除請求には応じる法的な義務はありません（もっとも，明らかに違法な投稿を放置するのも問題ですから，法的な義務がなくとも任意的に削除に応じることが禁止されるわけではありません）。

b 本人確認の書類がそろっているか

請求者の身分証を送ってもらうなどの方法で，請求をしてきた人が本人なのか確認します。

先述のとおり，本人確認書類としては，印鑑証明書（発行後3カ月以内のもの）が望ましいと考えられていますが，パスポートや運転免許証のコピーで代用することも可能でしょう。

c 削除請求書に記載すべき内容が明記されているか

このケースにおける削除請求には，最低限，次の情報が明記されている必要があります。

削除請求書に記載されるべき項目

- 氏名（法人の場合は，法人の名称と代表者名・担当者名）
- 住所
- 連絡先（電話番号，FAX番号，メールアドレスなど）
- 権利を侵害する情報を特定するための情報（URL，スレッドタイトル，投稿日時，ID，ファイル名など）
- 権利を侵害する情報の内容（記載内容など）
- 侵害されたとする権利

90　第3章　対　応　編

- 権利が侵害されたとする理由
- 請求書記載内容のうち，発信者に示すことに同意する情報の範囲

　これらの記載がなく，たとえば，漠然と「ホームページ上に権利を侵害するような書き込みがある」との申し出を受けても，それだけでは削除すべきかどうかの検討ができません。これらの記載は請求者が行うべきものですから，これが十分でない場合は，削除請求の形式面を満たしているとはいえません。

d　代理権はあるか

　委任状の内容を確認するなどして，削除請求をしてきた人に被害者を代理する権限があるかを確認します。行政書士，司法書士や，削除・開示請求の代理・代行を謳っている企業や業者が代理人となっている場合は，弁護士法72条に違反している可能性が高いため，請求に応じるべきではないでしょう[3]。

　これらa〜dが，請求を受けたときにまず確認すべきことです。郵送で削除請求を受け付ける場合は，これらの資料を削除請求書に同封してもらいます。メールの場合は，PDFなど画像の形式で添付してもらうのがよいでしょう。

　形式面に不備がある場合は請求に応じる必要はありませんが，すぐに補正できるような不備（本人確認の書類がないなど）があるにすぎないような場合は，その旨を請求者に伝えて補充してもらうという対応をするのが望ましいといえます。

③　発信者に対する照会

　次に行うことは，発信者に対する意見照会です。この意見照会の制度は，プ

3　弁護士法72条違反（非弁行為）は刑事罰の対象ともなります（同法77条3号）。明らかに非弁行為の請求がなされたときは警察などに情報提供を行うとともに，その請求に対して「警察に通報した」旨回答するという対応をとることも考えられるところです。非弁行為が疑われるような請求が多くなされて対応に苦慮する場合には，このような対応を検討するのも良いでしょう。

ロバイダ責任制限法に定められているもので，これを行っておくと，ある程度法的なリスクを回避することができます[4]。照会の制度は，侵害情報の「発信者」に対して連絡をとることができる場合に，利用することができます。

a サーバ管理者に対する削除請求の場合

サーバ管理者は，サーバの利用契約をする際に利用者の連絡先を知ることになると思われます。そのため，利用者がサーバ上で通常サイトを運営している場合（利用者が「発信者」である場合）に行うことができます。

逆に，利用者が投稿型サイトを運営している場合（利用者が「発信者」でない場合）は，この照会の制度は利用することはできません。この場合，サーバ管理者はサイト管理者（＝サーバ利用者）の連絡先は知っているでしょうが，そのサイトのユーザー（＝発信者）の連絡先は知らないことがほとんどだからです[5]。

b 投稿型サイト管理者に対する削除請求の場合

投稿型サイト管理者であっても，必ず発信者であるユーザーの連絡先を知っているわけではありません。サービスの利用にあたって連絡先の提供を求めていないケースもあるためです。

もっとも，たとえば会員登録の際にメールアドレスを登録してもらっている

4　発信者が削除に同意した場合，または照会書が発信者に到達してから7日以内に発信者から反論がない場合は，コンテンツを削除しても発信者から法的責任を問われないとされています（プロバイダ責任制限法3条2項2号）。このような制度があるのは，投稿型サイト管理者およびサーバ管理者が，先述のとおり板挟みの状況にあることを考慮したものと考えられています。

5　この場合でも，投稿型サイトの管理者が「発信者」にあたり，その者に対して照会を行うべきと解釈する余地もないわけではありません。しかし，プロバイダ責任制限法上，「発信者」とは侵害情報をサーバ等に「記録」ないし「入力」した者と定められていますから（2条4号），投稿型サイトの管理者が侵害情報を「記録」ないし「入力」の行為を行ったと考えることは難しいでしょう。そのため，本書では投稿型サイトの管理者は基本的に「発信者」には該当しないことを前提に解説しています。

92　第3章　対　応　編

ような場合には，そのメールアドレス宛に連絡することができます。この場合
には，メールで照会を行うことができます。

　照会の手続・書式等については，第2章を参考にしてください。

　この意見照会を行ったことと，発信者からなされた回答の内容は，裁判の証
拠になり得るものです。そのため，照会をした際には，関係資料をコピーした
りデータで残したりするなどしてすべて保存しておきましょう。

④　削除するかしないかの対応

a　削除すべきケース

　発信者が削除に同意した場合，または照会書が到達してから7日[6][7]を経過し
ても拒否の回答がこない場合[8]は，削除してしまって構いません[9]（このとき，発
信者自身によって削除がなされるケースも少なくありません）。

b　サーバ管理者・投稿型サイト管理者側で判断が必要なケース

　一方，7日以内に削除に同意しないという回答が来る場合もあります。また，
何らの回答もこないが，コンテンツを充実させたい場合など，コンテンツを残
しておく利益があり，削除は最小限に抑えたいと考える場合もあります[10]。こ
のような場合については，法律上削除すべき場合かどうか（権利侵害があるか

6　初日不算入の原則（民法第140条）がありますから，発信者に照会が到達した日の翌日
　が起算日となります。たとえば，1月1日に発信者に照会が到達した場合は，1月8日24
　時を経過した時点で「7日を経過」したことになります。
7　削除請求の対象が「特定文書図画」の場合，あるいは「私事性的画像記録」の場合は
　2日となります（プロバイダ責任制限法3条の2第1号，私事性的画像記録の提供等によ
　る被害の防止に関する法律4条3号）。
8　明確に「削除に同意しない」との記載がない場合（たとえば，「判断できない」とか
　「留保する」などの回答）についても「拒否の回答がこない場合」として取り扱って問題
　ありません。
9　削除しても，発信者への損害賠償責任は免れるためです（プロバイダ責任制限法3条
　2項2号）。
10　サーバ管理者・投稿型サイト管理者側にコンテンツを残しておく利益がある場合であっ
　ても，サーバ利用者が削除に同意したものに関しては，削除しておくことが無難でしょう。

どうか）を検討します。この判断の方法については第4章を参考にしてください[11]。

　なお，削除すべきケースと判断されるときは，たとえコンテンツをなるべく残しておきたいと考える場合でも，削除しておくことが無難でしょう。他人の権利を侵害しているようなコンテンツを放置しておくと，損害賠償請求などの法的リスクが発生してしまうからです。

c　削除するコンテンツの範囲について

　削除するということになった場合，削除すべきコンテンツの範囲には一応注意しましょう。削除の範囲は，原則として被害者の権利をしている部分のみです。これを超えて削除すべきではありません。たとえば，数あるブログ記事のうちの1つだけが被害者の権利を侵害している場合に，そのブログ全体を削除してしまうことや，掲示板の1つのレス（投稿）が問題となっているときに，そのレスだけでなくスレッド全体を削除してしまうことは過剰な対応となります。

　もっとも，管理者側で「これ以下の範囲で削除することは技術的に不可能」という場合もあります。このようなときは，削除の範囲が技術的に最小限である限り，削除の範囲について法的に責任を問われることはないと考えられています。

⑤　検討結果を削除請求者に通知

　④の検討結果がどのようなものであっても，その内容は請求者に通知しま

11　なお，削除すべきかどうかを検討した結果，法律上の削除義務はないと考える場合であっても，サーバの利用契約やサイトの利用規約で「禁止行為」などにあたるコンテンツの場合，削除することができます。たとえば，法律上は名誉毀損にあたらなくても，禁止行為に掲げられている業務妨害にあたる行為や荒らし行為などであれば削除することができます。もっとも，このような削除を行うことでサーバ利用者や発信者からクレームが来ることはあり得ますから，その種のクレームにしっかり対応できるレベルの利用契約や利用規約は整備しておきましょう。

しょう。

2 通常サイト管理者

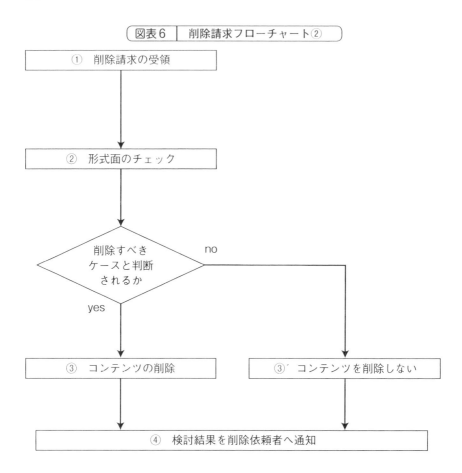

① 削除請求の受領

削除請求が削除請求者からの請求をきっかけとして始まることは，投稿型サイトおよびサーバの場合と同様です。

②　形式面のチェック

　形式面でチェックすべき事項は，次のとおりです。内容については投稿型サイトおよびサーバと同じですから，本章を参考に，形式面が満たされているかどうかチェックします。

形式面のチェック項目

- ☐　被害者からの請求であるか
- ☐　本人確認の書類がそろっているか
- ☐　削除請求書に記載すべき内容が明記されているか

〈代理人からの請求である場合〉

- ☐　代理権はあるか（委任状の確認）

削除請求書に記載されるべき項目

- 氏名（法人の場合は，法人の名称と代表者名・担当者名）
- 住所
- 連絡先（電話番号，FAX番号，メールアドレスなど）
- 権利を侵害する情報を特定するための情報（URL，スレッドタイトル，投稿日時，ID，ファイル名など）
- 権利を侵害する情報の内容（記載内容など）
- 侵害されたとする権利
- 権利が侵害されたとする理由

---

③　削除するかしないかの対応

　形式面が満たされている場合は，自身の発信した情報が法律上削除すべきものかどうか（権利侵害があるかどうか）を検討し，その結果に応じた対応をします。

　このケースでは，削除の請求を受けた人が発信者であるため，意見照会の手続を利用することはできません。そのため，形式面に問題がなければ，必ず自身で削除すべきかどうか（権利侵害が認められるかどうか）の判断を行う必要が

あります。法律上の削除義務があるかどうかの判断の方法については第4章を参考にしてください。

3 通常サイト管理者がサーバ管理者から照会を受けるケース

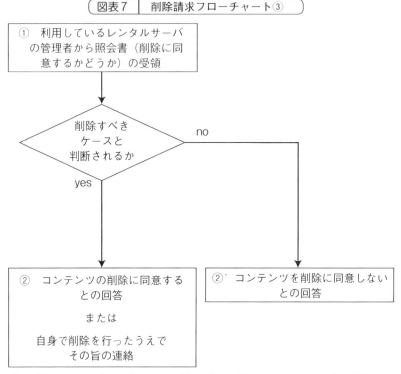

図表7　削除請求フローチャート③

※①を受領してから②の回答がサーバ管理者に到達するまで7日以内に対応する必要があります。

① 照会書の受領

レンタルサーバを使用している場合で，削除請求がサーバ管理者に対してなされる場合，サイト管理者は，サーバ管理者からの照会書を受け取ってはじめ

て削除請求があったことを知ることになります。

　これを受領したら，削除すべきかどうかの検討に入るわけですが，意見照会書の形式面のチェックはしておきましょう。形式面で不備が見つかった場合，その不備がサーバ管理者側で生じたものなら，その旨を伝えて補正などをしてもらいます。一方，形式面の不備が請求者側で生じたものである場合でも，サーバ管理者経由で補正を促すことは考えられます。ただ，サイト管理者が請求の不備についてまで責任を負うことはないと解されますので，不備を理由に削除に応じないと回答することも妥当な対応の1つと考えられます。

照会書のチェック項目

- □　侵害されたとする権利
- □　請求者の氏名・名称※
- □　回答期限
- □　回答の方法と送付先
- □　権利を侵害する情報を特定するための情報（URL，スレッドタイトル，投稿日時，ID，ファイル名など）
- □　権利を侵害する情報の内容（記載内容など）
- □　権利が侵害されたとする理由
- □　権利が侵害されたとする理由を理由づける資料

（注）　請求者が個人の場合は，本人の同意がない限り原則として記載されません。

②　内容の検討および回答

　形式面に問題がなければ，削除すべき場合かどうか（権利侵害があるかどうか）の判断をします。判断方法については，次の第4章を参考にしてください。

　検討の結果がどのような場合であっても，サーバ管理者には回答書を送付しましょう。このとき，（特に，削除に同意しない場合）回答書は照会書を受領してから7日以内にサーバ管理者に到達する必要があります。そうしないと，サーバ管理者にコンテンツを削除されてしまったときに何もいえなくなってし

98 第3章 対 応 編

まいます[12]。

　削除すると判断した場合，削除は自身で行っても構いません。削除に同意するとの回答をした場合や，回答せず放置した場合は，サーバ管理者側での削除対応がなされることがありますが，この場合，サーバ側の技術的な問題から，広範囲に削除されてしまうことがあり得ます。そのため，削除することには同意するけれどもなるべくコンテンツを温存したいと考える場合は，問題となっている部分だけをサイト管理者側で削除するとしたほうが良い場合もあるでしょう。

12　7日以内に削除に同意しない旨の回答がない場合，サーバ管理者はコンテンツを削除してしまっても免責されることになります（プロバイダ責任制限法3条2項2号）。

発信者情報開示請求への対応

開示請求がなされるケースのほとんどは，次のパターンです。

> Ⅰ　投稿型サイト管理者またはサーバ管理者に対してなされる場合

このパターンに加え，通常サイトをレンタルサーバで運営しているような場合，次のケースもあり得ます。

> Ⅱ　サイト管理者が，開示請求を受けたサーバ管理者（または経由プロバイダ）から照会を受ける場合

以下では，これらのケースにおいて，各管理者がどのような対応をすべきかについて説明していきます。

1　投稿型サイト管理者，サーバ管理者

開示請求がなされたときの対応は，投稿型サイト管理者とサーバ管理者でほとんど同じです。

第3章 対応編

図表8　開示請求フローチャート①

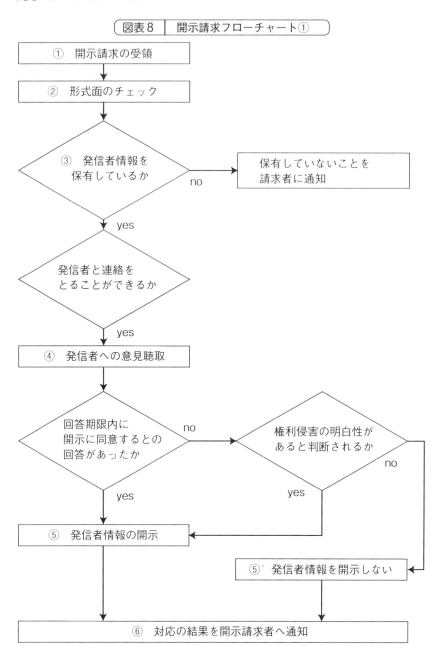

③　発信者情報開示請求への対応　101

①　開示請求の受領

発信者情報開示請求への対応も，削除請求の場合と同様，削除請求者からの請求をきっかけとして始まります。発信者情報開示請求は，原則として発信者情報開示請求書が郵送されてきます。メールやファックスでの請求に応じる場面もあり得るでしょうが，例外的な場合に限られるでしょう[13]。

口頭や電話での請求がなされたときは，書面での請求を促しましょう。それに応じない場合は，原則として応じるべきではないと考えられています[14]。

②　形式面のチェック

開示請求の形式面をチェックします。形式面を確認しないことによって法的リスクが大きくなることは，削除請求と同じです。形式面で確認すべき事項は，

13　プロバイダ責任制限法ガイドライン等検討協議会「プロバイダ責任制限法発信者情報開示関係ガイドライン　第4版」（2016年）4頁は，メールでの開示請求について，次のとおり規定しています。

　「請求手続は，原則として書面によって行うこととする。ただし，一定の場合には必要に応じて電子メール，ファックス等による請求が認められる。具体的には以下の場合がある。

a)　継続的なやりとりがある場合等，プロバイダ等と請求者との間に一定の信頼関係が認められる場合であって，請求者が，当該電子メール，ファックス等による申出の後，速やかに電子メール，ファックス等による請求と同内容の請求書を書面によって提出する場合。

b)　プロバイダ等と請求者の双方があらかじめ了解している場合には，請求を行う電子メールにおいて，公的電子署名又は電子署名及び認証業務に関する法律（平成12年法律102号。以下「電子署名法」という）の認定認証事業者によって証明される電子署名の措置を講じた場合であって，当該電子メールに当該電子署名に係る電子証明書を添付している場合。」

　書面以外での請求が例外的な場面に限られているのは，発信者情報開示が通信の秘密（憲法21条2項後段）やプライバシー（憲法13条後段）の保護の例外であることが考慮されているからと考えられます。

14　プロバイダ責任制限法ガイドライン等検討協議会「プロバイダ責任制限法発信者情報開示関係ガイドライン　第4版」（2016年）4頁は，「口頭又は電話による請求しか行わない請求者に対して，書面等によることを求めて開示を留保することは，手続に慎重を期するプロバイダ等としての正当な対応であり，特段の事情がない限り，重過失に基づく責任が認められることはないと思われる」としています。

次のとおりです。

形式面のチェック項目

- □ 被害者からの請求であるか
- □ 本人確認の書類がそろっているか
- □ 開示請求書に記載すべき内容が明記されているか
〈代理人からの請求である場合〉
- □ 代理権はあるか（委任状の確認）

開示請求書に記載されるべき項目

- 氏名（法人の場合は，法人の名称と代表者名・担当者名）
- 住所
- 連絡先（電話番号，FAX番号，メールアドレスなど）
- 権利を侵害する情報を特定するための情報（URL，スレッドタイトル，投稿日時，ID，ファイル名など）
- 権利を侵害する情報の内容（記載内容など）
- 侵害されたとする権利
- 権利が侵害されたとする理由
- 請求書記載内容のうち，発信者に示すことに同意する情報の範囲
- 発信者情報の開示を受けるべき正当理由
- 開示を請求する発信者情報

---

a 発信者情報の開示を受けるべき正当理由について

　発信者情報開示を請求するためには，請求者に「発信者情報開示を受けるべき正当な理由」が必要です（プロバイダ責任制限法4条1項2号）。この「正当な理由」の具体例としては，損害賠償請求権の行使のため，謝罪広告等の名誉回復措置の要請のため，差止請求権の行使のため，発信者に対する削除要求のためなどがあります。

　この「正当な理由」の記載がない場合は，開示請求を行うために必要なもの

がそろっているとはいえません。

b　開示を請求する発信者情報について

　発信者情報開示請求をするにしても，どのような情報の開示を求めているのかが明記されていなければ，請求の形式面を満たしているとはいえません。

　そして，発信者情報開示請求に関しては，法律（正確には，法律から委任を受けて規定された総務省令）が「開示請求できる発信者情報の内容」を明記しています。具体的には，次の各情報です[15]。

15　特定電気通信役務提供者の損害賠償責任の制限及び発信者情報の開示に関する法律第4条第1項の発信者情報を定める省令（平成14年5月22日総務省令第57号）本文では理解の助けのため簡明化しましたが，正確な文言は次のとおりです。

①　発信者その他侵害情報の送信に係る者の氏名または名称

②　発信者その他侵害情報の送信に係る者の住所

③　発信者の電子メールアドレス（電子メールの利用者を識別するための文字，番号，記号その他の符号をいう。）

④　侵害情報に係るIPアドレス（インターネットに接続された個々の電気通信設備（電気通信事業法（昭和59年法律第86号）第2条第2号に規定する電気通信設備をいう。以下同じ。）を識別するために割り当てられる番号をいう。）および当該IPアドレスと組み合わされたポート番号（インターネットに接続された電気通信設備において通信に使用されるプログラムを識別するために割り当てられる番号をいう。）

⑤　侵害情報に係る携帯電話端末又はPHS端末（以下「携帯電話端末等」という。）からのインターネット接続サービス利用者識別符号（携帯電話端末等からのインターネット接続サービス（利用者の電気通信設備と接続される一端が無線により構成される端末系伝送路設備（端末設備（電気通信事業法第52条第1項に規定する端末設備をいう。）又は自営電気通信設備（同法第70条第1項に規定する自営電気通信設備をいう。）と接続される伝送路設備をいう。）のうちその一端がブラウザを搭載した携帯電話端末等と接続されるものおよび当該ブラウザを用いてインターネットへの接続を可能とする電気通信役務（同法第2条第3号に規定する電気通信役務をいう。）をいう。以下同じ。）の利用者をインターネットにおいて識別するために，当該サービスを提供する電気通信事業者（同法第2条第5号に規定する電気通信事業者をいう。以下同じ。）により割り当てられる文字，番号，記号その他の符号であって，電気通信（同法第2条第1号に規定する電気通信をいう。）により送信されるものをいう。以下同じ。）

⑥　侵害情報に係るSIMカード識別番号（携帯電話端末等からのインターネット接続サービスを提供する電気通信事業者との間で当該サービスの提供を内容とする契約を締結している者を特定するための情報を記録した電磁的記録媒体（電磁的記録（電子的方式，

104 第3章 対 応 編

> ### 図表9 | 開示の対象となる発信者情報

---

① 発信者等の氏名または名称

② 発信者等の住所

③ 発信者のメールアドレス

④ 問題となっている投稿のIPアドレス，およびそのIPアドレスと組み合わされたポート番号

⑤ 携帯電話等の契約者固有ID

⑥ 携帯電話等のSIMカード識別番号

⑦ 問題となっている投稿のタイムスタンプ（投稿の日時）

　このうち，投稿型サイト管理者・サーバ管理者が保有している可能性のあるものは④～⑦でしょう。①，②，③を保有しているケースもあり得ますが，これらについては経由プロバイダに対して「訴訟」という形で開示請求がなされるのが一般的です。

　これら①～⑦のうち，いずれの情報の開示を請求しているのかが明記されていなければ，開示請求の形式面を満たしているとはいえません。なお，①～⑦以外の発信者情報については，開示請求の対象とはなりませんので，仮にこれら以外の発信者に関する情報の開示を請求されてもそれに応じる法的義務はありません。

　　磁気的方式その他人の知覚によっては認識することができない方式で作られる記録であって，電子計算機による情報処理の用に供されるものをいう。）に係る記録媒体をいい，携帯電話端末等に取り付けて用いるものに限る。）を識別するために割り当てられる番号をいう。以下同じ。）のうち，当該サービスにより送信されたもの

⑦　第4号のIPアドレスを割り当てられた電気通信設備，第5号の携帯電話端末等からのインターネット接続サービス利用者識別符号に係る携帯電話端末等又は前号のSIMカード識別番号（携帯電話端末等からのインターネット接続サービスにより送信されたものに限る。）に係る携帯電話端末等から開示関係役務提供者の用いる特定電気通信設備に侵害情報が送信された年月日および時刻

3　発信者情報開示請求への対応　*105*

Point | #18　投稿用（接続先）URL | Q

　開示請求に関連して，請求者から「投稿用（接続先）URL」の開示を請求されることがあります。これは，IPアドレスやタイムスタンプだけではプロバイダ側で発信者の特定ができないことがあるためです。

　「投稿用（接続先）URL」はプロバイダ責任制限法の開示の対象とはなっていません。しかし，「投稿用（接続先）URL」は，発信者自身の情報ではありませんから，これを開示してもプライバシー権侵害などの問題が生じる可能性は低いといえます。むしろ，「投稿用（接続先）URL」の開示をめぐって請求者と無用なトラブルになる可能性のほうが高いと考えられます。そのため，「投稿用（接続先）URL」を開示することについてサイト・サーバ管理者側に特段の不利益がない限り，開示に応じて良いと考えます。

③　発信者情報を保有しているかの確認

　発信者情報の開示を求められても，その情報を保有していなければ開示のしようがありません。そして，保有していない場合は開示する法的義務もないとされますから，開示を求められた情報を保有しているかどうかを確認しましょう。

　前述のとおり，一般的にサーバ管理者・投稿型サイト管理者は発信者の住所氏名は保有していません。保有しているのは，多くの場合IPアドレスやタイムスタンプなどに限られます。また，サーバの仕組みなどから，IPアドレスやタイムスタンプの記録（ログ）が消えてしまうこともあり，すでにログが消えてしまっている場合にも，発信者情報を保有しているとはいえません。その他，開示することが著しく困難な場合[16]も，保有しているとは認められません。

　確認した結果，開示請求を受けた発信者情報を保有している場合は次のステップに進みます。反対に，保有していない場合はその旨を請求者に通知しましょう。

16　このような場合の具体例としては，「（開示を求められた発信者情報の）抽出のために多額の費用を要する場合や，体系的に保管されておらず，プロバイダ等がその存在を把握できない場合」があげられています（プロバイダ責任制限法ガイドライン等検討協議会「プロバイダ責任制限法発信者情報開示関係ガイドライン　第4版」(2016年) 6頁）。

106 第3章 対 応 編

④ 発信者に対する意見聴取

次に行うことは，発信者に対する意見聴取です。この意見聴取の制度は，プロバイダ責任制限法に定められているものです。開示請求を受けた投稿型サイト管理者およびサーバ管理者は，「発信者と連絡をとることができない場合その他特別な事情がある場合」[17]を除き，これを行う法的義務があります（プロバイダ責任制限法4条2項）。

a サーバ管理者に対する開示請求の場合

サーバ管理者は，利用者と契約を交わす際にその連絡先を知ることになると思われますから，サーバ利用者が「発信者」である場合（利用者がサーバ上で通常サイトを運営していた場合）には，意見聴取を行うことになります。

一方，利用者が投稿型サイトを運営しており，侵害情報を発信した人（発信者）が利用者でない場合は，発信者の連絡先は知らないことがほとんどだと思われます。このような場合は，「発信者と連絡をとることができない場合」にあたるものとして，意見聴取を行う義務は負わないことになります。

b 投稿型サイト管理者に対する開示請求の場合

投稿型サイト管理者は，必ずしもサイト利用者の連絡先を知っているわけではありません。発信者であるサイト利用者の連絡先を知らない場合は，やはり「発信者と連絡をとることができない場合」にあたるものとして，意見聴取を行う義務は負わないことになります。

もっとも，会員登録の際にメールアドレスを登録してもらっているなど場合

---

17 「発信者と連絡をとることができない場合」とは，「客観的に不能な場合を意味し，合理的に期待される手段を尽くせば連絡を取ることが可能であったような場合には『できない』には当たらない」とされ，また「その他特別な事情がある場合」として，「発信者情報開示請求が被侵害利益を全く特定せずに行われた場合等，（プロバイダ責任制限法4条）第1項の定める要件を満たさないことが一見して明白であるようなとき」をあげている（総務省「特定電気通信役務提供者の損害賠償責任の制限及び発信者情報の開示に関する法律―解説―」(2016年) 31頁）。

③ 発信者情報開示請求への対応 _107_

には，そのメールアドレス宛に連絡することができますから，意見聴取を行う法的義務があると判断されます。

照会の手続・書式等については，第2章を参考にしてください。

この意見聴取をしたことと回答の内容は，コピーしたりデータで残したりするなどの方法で，証拠はすべて残しておきましょう[18]。

⑤ 開示するかしないかの対応

a 開示すべきケース

発信者に意見聴取が到達してから2週間を経過するまでに[19]「開示に同意する」との意見が来た場合には，発信者情報を開示してしまっても構いません。

b 開示すべきでないケース

発信者が開示請求に同意しない場合，または意見聴取が到達してから2週間を経過にするまで何らの回答もこない場合は，権利侵害の明白性が認められるかどうかを判断することになります。

しかし，サイト管理者・サーバ管理者側で証拠から事実を認定し，権利侵害があるという判断を行うことは困難な場合がほとんどだと思われます。そのため，これらの場合は原則として発信者情報を開示すべきではないでしょう[20][21]。

---

18 意見聴取を行うことは，発信者に対する善管注意義務の内容になっていると考えられています（総務省「特定電気通信役務提供者の損害賠償責任の制限及び発信者情報の開示に関する法律―解説―」（2016年）30頁）。そのため，意見聴取を怠ってしまうと，利用者（発信者）から善管注意義務違反を理由に損害賠償請求がなされるリスクがあります。その意味でも，証拠を残しておくことは重要です。

19 初日不算入の原則（民法第140条）がありますから，発信者に意見聴取が到達した日の翌日が起算日となります。たとえば，1月1日に発信者に意見聴取が到達した場合は，1月15日24時を経過した時点で「2週間を経過」したことになります。

20 原則として開示すべきでないとしているのは「発信者情報開示の要件の判断を誤って発信者情報の開示を行った場合，プロバイダ等は発信者に対して損害賠償責任を負うこととなるほか，場合によっては刑事上の責任を問われるおそれもある（電気通信事業法第4条，第179条）」（プロバイダ責任制限法ガイドライン等検討協議会「プロバイダ責任制限法発信者情報開示関係ガイドライン　第4版」（2016年）1頁）との指摘があるためです。そ

108 第3章 対 応 編

c 開示する発信者情報の範囲について

発信者情報を開示するとした場合でも，開示すべき発信者情報の範囲は，開示の請求を受けた発信者情報であって，かつ自身の保有している情報です。これを超えて開示する法的義務はありません。

⑥ 対応の結果を請求者に通知

発信者情報を開示するとした場合でもしないとした場合でも，検討結果は請求者に通知すべきです。特に開示しない場合，請求者は発信者情報開示の裁判手続を検討することになるでしょうが，それには時間的なリミットがある[22]ため，こちらがしっかり対応したことを請求者に伝えなければ，「発信者を特定できなかったのはサーバ管理者・投稿型サイト管理者が開示請求を放置したためだ」として損害賠償請求を行ってくる可能性があります。仮に損害賠償請求がなされると，対応にさまざまなコストがかかりますし，自社の評判も低下しかねません。そのような理由で，検討結果は通知しておくことが望ましいといえます。

れに加え，同ガイドラインは「（権利侵害の明白性の）判断に疑義がある場合においては，裁判所の判断に基づき開示を行うことを原則とする」（12頁）としています。

21　なお，回答の内容はできる限り尊重すべきとされ，開示に同意しないとの回答がなされたケースにおいては，「開示に応じることを否とし，開示を求める者の開示請求に対し一応の根拠を示して異議が述べられたときは，原則としてその意見を尊重し，当該開示には応じられない旨の対応をしなければならない」と考えられています。ただし，「発信者の意見が強行法規や公序良俗に反するものであるような場合にまで，当該発信者の意見に従った裁判上又は裁判外の行為を一律強いるものではない」とも考えられており，発信者の回答も絶対のものではありません（（総務省「特定電気通信役務提供者の損害賠償責任の制限及び発信者情報の開示に関する法律―解説―」（2016年）32頁））。

22　請求者はサーバ管理者または投稿型サイト管理者が保有するIPアドレスの開示を受けて経由プロバイダを割り出し，次はそのプロバイダに対して発信者の住所氏名等の開示を求める訴えを提起することになります。しかし，経由プロバイダのアクセスログは，早いところで2週間から3カ月程度で消えてしまうとされています。そのため，請求者はそれまでに経由プロバイダを割り出してアクセスログの保存をしなければ，発信者情報を得ることができなくなってしまうのです。

2 サイト管理者または経由プロバイダから照会を受けるケース

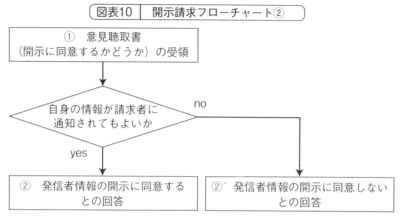

図表10　開示請求フローチャート②

※①を受領してから②の回答がサーバ管理者に到達するまで2週間以内に対応する必要があります。

① 意見聴取書の受領

　通常サイトの管理者など，情報の発信者は，サーバ管理者や経由プロバイダから発信者情報の開示に同意するかどうかの意見聴取を受けることがあります。発信者は，意見聴取書を受け取ってはじめて開示請求があったことを知ることになります。

　これを受領したら，形式面のチェックは行いましょう。形式面で不備が見つかった場合，その不備が意見聴取者（サーバ管理者または経由プロバイダ）側で生じたものなら，その旨を伝えて補正などをしてもらいます。一方，形式面の不備が請求者側で生じたものである場合でも，意見聴取者を通して補正を促すことは考えられますが，サイト管理者が請求の不備についてまで責任を負うことはないと解されますので，不備を理由に開示に同意しない回答することも妥当な対応の1つと考えられます。

110 第3章 対 応 編

聴取書のチェック項目

☐　侵害されたとする権利

☐　請求者の氏名・名称※

☐　回答期限

☐　回答の方法と送付先

☐　権利を侵害する情報を特定するための情報（URL，スレッドタイトル，投稿日時，ID，ファイル名など）

☐　権利を侵害する情報の内容（記載内容など）

☐　権利が侵害されたとする理由

☐　権利が侵害されたとする理由を理由づける資料

☐　発信者情報の開示を受けるべき正当理由

☐　開示を請求する発信者情報

※　請求者が個人の場合は，本人の同意がない限り原則として記載されません。

②　内容の検討および回答

　形式面で問題がなさそうであれば，まずは自身の情報が請求者に知られてもよいかどうか（開示に同意するか）の判断をします。開示に同意するケースは多くはないと思われますが，たとえば請求者と早期に話し合いをして和解をしたいとか，自身の表現の正当性を直接請求者に主張して戦いたいなどと考える場合は，開示に同意することもあるでしょう[23]。

　また，開示が認められるためには，請求者の権利侵害があることが必要です。そのため，自身の情報開示を拒否する場合で，請求者の権利侵害が認められないとする理由がある場合は，その旨を回答書に記載します。権利侵害があるかどうかの判断方法については，第4章を参考にしてください。

　この回答書は，意見聴取書に記載された期限までに意見聴取者に到達するようにします。特に，開示に同意しない場合，意見聴取者は発信者情報を開示す

23　もっとも，開示請求が認められるには権利侵害の明白性が必要ですから，請求者と直接争うより開示請求の中で争ったほうが有利な判断を得られるケースもあります。

3 発信者情報開示請求への対応 *111*

るかどうか検討するわけですが，期限内に回答をしない場合，意見聴取者の検討にこちらの考えが全く反映されなくなってしまいます。

損害賠償請求への対応

　損害賠償請求がなされたときの対応は，通常サイト管理者に対してなされたケースと投稿型サイト・サーバの管理者に対してなされたケースとで大きく違ってきます。

1　通常サイト管理者に対して損害賠償請求がなされるケース

　サイト管理者自身が発信者ですから，情報の発信について直接的に責任を負うことになります。そのため，自身の情報発信によって権利侵害が発生していないことや，その情報発信が法的に許されることなどを主張立証できなければ，被害者に対して損害賠償責任を負うことになります。

2　投稿型サイトおよびサーバの管理者に対して損害賠償請求がなされるケース

　損害賠償請求を受けた投稿型サイトおよびサーバの管理者も，通常サイト管理者と同様，掲載された情報によって権利が侵害されているとはいえないということや，その情報発信が法的に許されることなどを主張立証することで免責を受けることができます。
　それに加え，投稿型サイト・サーバ管理者は，プロバイダ責任制限法に基づく免責を受けることもできます。この場合の損害賠償請求は，概ね次の4パターンに分かれると思われますので，それぞれについて免責の根拠を簡単に説明していきます。

4 損害賠償請求への対応 *113*

	請求の主体	請求の理由	免責を受け得る規定
①	被害者	侵害情報を掲載していること（削除請求を拒否したこと）	3条1項1号，2号
②	被害者	発信者情報を開示しなかったこと	4条4項
③	発信者	侵害情報を削除したこと	3条2項1号，2号（および利用契約ないし利用規約）
④	発信者	発信者情報を開示したこと	4条1項

図表11　損害賠償請求の種類と免責

①について

被害者から，権利を侵害するような情報を掲載していることを理由に，損害賠償請求がなされることがあります。任意請求でなされた削除の請求に対して拒否するという対応をしたときのほか，そもそもそのような任意請求がなされていないケースであっても，このような請求がなされることがあります。

このような請求がなされたとき，投稿型サイト管理者およびサーバ管理者が免責される根拠として使えるのが，プロバイダ責任制限法3条1項1号，2号です。条文は，次のように規定されています。

（損害賠償責任の制限）

第3条　特定電気通信による情報の流通により他人の権利が侵害されたときは，当該特定電気通信の用に供される特定電気通信設備を用いる特定電気通信役務提供者（以下この項において「関係役務提供者」という。）は，これによって生じた損害については，権利を侵害した情報の不特定の者に対する送信を防止する措置を講ずることが技術的に可能な場合であって，次の各号のいずれかに該当するときでなければ，賠償の責めに任じない。ただし，当該関係役務提供者が当該権利を侵害した情報の発信者である場合は，この限りでない。

一　当該関係役務提供者が当該特定電気通信による情報の流通によって他人の権利が侵害されていることを知っていたとき。

二　当該関係役務提供者が，当該特定電気通信による情報の流通を知っていた場合であって，当該特定電気通信による情報の流通によって他人の権利

114 第3章 対 応 編

> が侵害されていることを知ることができたと認めるに足りる相当の理由が
> あるとき。

　ポイントは，自身の管理しているサイト・サーバにある情報が，他人の権利
を侵害していることを知っていた（1号）か，または知ることができたと認め
るに足りる「相当の理由」がある（2号）ときでない限り，責任を負わない
（免責される）というものです。

　投稿型サイト管理者・サーバ管理者は，掲載されている情報が他人の権利を
侵害しているかどうかについて，常時監視するような義務は負っていないと考
えられています。したがって，削除請求もなくはじめから損害賠償請求の訴え
を起こされても，そのような情報が掲載されていること自体を知らなかった場
合には，「そのような情報が存在することは知らなかった」として，免責を主
張することができます。

　一方，任意請求でなされた削除請求を拒否した結果，損害賠償請求がなされ
てしまったときは，主に「他人の権利が侵害されていることを知ることができ
たと認めるに足りる相当の理由」[24]がないことを主張することになるでしょう。
任意請求でなされた削除請求に対して拒否をしたということは，請求者の主張
する「権利侵害の理由」の有無などを検討したと考えられますから，そのとき
検討した内容を説明し，「相当の理由」が認められないことを主張することに
なります。

　参考までに，総務省の解説は，「相当の理由」が認められる場合および認め
られない場合の例として，次の内容をあげています。

24　「相当の理由」とは，「通常の注意を払っていれば知ることができたと客観的に考えられ
　ること」をいうとされています（総務省「特定電気通信役務提供者の損害賠償責任の制限
　及び発信者情報の開示に関する法律―解説―」（2016年）12頁）。

【認められるケース】

次のような情報が流通しているという事実を認識していた場合

- 通常は明らかにされることのない私人のプライバシー情報（住所，電話番号等）
- 公共の利害に関する事実でないことまたは公益目的でないことが明らかであるような誹謗中傷を内容とする情報

【認められないケース】

- 他人を誹謗中傷する情報が流通しているが，関係役務提供者に与えられた情報だけでは当該情報の流通に違法性があるのかどうかがわからず，権利侵害に該当するか否かについて，十分な調査を要する場合
- 流通している情報が自己の著作物であると連絡があったが，当該主張について何の根拠も提示されないような場合
- 電子掲示板等での議論の際に誹謗中傷等の発言がされたが，その後も当該発言の是非等を含めて引き続き議論が行われているような場合

（出所） 総務省「特定電気通信役務提供者の損害賠償責任の制限及び発信者情報の開示に関する法律─解説─」（2016年）12頁。

②について

　任意請求でなされた発信者情報開示請求に対して拒否するとの対応をとった場合，そのとき開示されていれば得られたはずの利益を失ったなどとして，投稿型サイト管理者・サーバ管理者側に損害賠償請求がなされることがあります。

　このような請求がなされたとき，サーバ管理者・投稿サイト管理者が免責される根拠として使えるのがプロバイダ責任制限法4条4項です。次のような規定です。

（発信者情報の開示請求等）
第4条

4　開示関係役務提供者は，第1項の規定による開示の請求に応じないことにより当該開示の請求をした者に生じた損害については，故意又は重大な過失がある場合でなければ，賠償の責めに任じない。ただし，当該開示関係役

116 第3章 対応編

　務提供者が当該開示の請求に係る侵害情報の発信者である場合は，この限り
　でない。

　この規定は，発信者情報開示請求を拒否した場合であっても，サーバ管理
者・投稿サイト管理者側が発信者情報開示の要件である「権利侵害の明白性」
や「開示の必要性」が認められることにつき「故意又は重大な過失」[25]がなけ
れば責任を負わないとするものです。

　このケースでも，任意請求を拒否したということは，開示の要件があるかど
うかを検討した過程があると考えられますから，そのとき検討した内容を説明
し，「権利侵害の明白性」や「開示の必要性」が認められることにつき「故意
又は重大な過失」が認められないことを主張することになります。

③について

　サーバ管理者・投稿サイト管理者が削除請求に応じて削除した場合，発信者
から表現の自由を侵害された，あるいは業務を妨害されたなどとして，損害賠
償請求がなされることがあります。このような請求がなされたとき，投稿型サ
イト管理者・サーバ管理者の免責の根拠規定となり得るのが，プロバイダ責任
制限法3条2項1号，2号です。次のような規定です。

（損害賠償責任の制限）
第3条
2　特定電気通信役務提供者は，特定電気通信による情報の送信を防止する措
　置を講じた場合において，当該措置により送信を防止された情報の発信者に
　生じた損害については，当該措置が当該情報の不特定の者に対する送信を防

25　総務省の解説では，次のように説明されています。
　「『故意』とは，結果の発生を認識・認容している心理状態をいい，『重大な過失』とは，
　故意に近い注意欠如の状態をいう。本項において，故意又は重過失は，開示を求める者が
　発信者情報開示請求権の要件（権利侵害の明白性および開示の必要性）を具備しているこ
　とについて必要とされる」（総務省「特定電気通信役務提供者の損害賠償責任の制限及び
　発信者情報の開示に関する法律─解説─」（2016年）34頁）

止するために必要な限度において行われたものである場合であって，次の各号のいずれかに該当するときは，賠償の責めに任じない。

一　当該特定電気通信役務提供者が当該特定電気通信による情報の流通によって他人の権利が不当に侵害されていると信じるに足りる相当の理由があったとき。

二　特定電気通信による情報の流通によって自己の権利を侵害されたとする者から，当該権利を侵害したとする情報（以下この号及び第4条において「侵害情報」という。），侵害されたとする権利及び権利が侵害されたとする理由（以下この号において「侵害情報等」という。）を示して当該特定電気通信役務提供者に対し侵害情報の送信を防止する措置（以下この号において「送信防止措置」という。）を講ずるよう申出があった場合に，当該特定電気通信役務提供者が，当該侵害情報の発信者に対し当該侵害情報等を示して当該送信防止措置を講ずることに同意するかどうかを照会した場合において，当該発信者が当該照会を受けた日から7日を経過しても当該発信者から当該送信防止措置を講ずることに同意しない旨の申出がなかったとき。

　この規定の意味は，つまり削除したコンテンツが他人の権利を侵害したと信じるに足りる「相当の理由」がある（1号）か，または発信者に対する照会の手続を行っていた場合で，7日以内に削除に同意しないとの回答が来なかったとき（2号）は，削除しても責任を負わないとするものです。

　そのため，発信者に対する意見照会の手続をとっていた場合で，7日以内に削除に同意しないとの回答が来なかったときには，照会書を送付したことを示す証拠を提示し，照会をしたことによる免責を受けられることを主張することになります。

　一方，意見照会の手続をとっていなかった場合は，削除した情報が他人の権利を侵害したと信じるに足りる「相当の理由」があったことを主張します。他人の権利を侵害した情報の削除は，被害者からの任意請求をきっかけとして行うことがほとんどだと思われます。そうすると，被害者からの削除請求を検討し，その結果削除するとの結論に至ったと考えられますから，その検討内容を

118　第3章　対応編

説明し「相当の理由」があったことを主張することになります。

　なお，総務省の解説は，この場合の「相当の理由」が認められる場合の例として，次の内容をあげています。

- 発信者への確認その他の必要な調査により，十分な確認を行った場合
- 通常は明らかにされることのない私人のプライバシー情報（住所，電話番号等）について当事者本人から連絡があった場合で，当該者の本人性が確認できている場合

(出所)　総務省「特定電気通信役務提供者の損害賠償責任の制限及び発信者情報の開示に関する法律─解説─」(2016年) 15頁。

　なお，サーバ管理者は通常はサーバ利用者と利用契約を締結していますし，投稿型サイトも，通常は利用規約を設けています。それらの利用契約・利用規約に免責規定などが定められている場合には，その点も主張しましょう[26]。

④について

　発信者情報開示請求に応じて発信者情報（IPアドレス，タイムスタンプなど）を開示した場合，プライバシー権侵害等を理由に発信者から損害賠償請求の訴えを提起される可能性があります。

　このような訴えを提起されたときは，プロバイダ責任制限法4条1項の要件を満たすことを主張することになります。条文は次のとおりです。

（発信者情報の開示請求等）
第4条　特定電気通信による情報の流通によって自己の権利を侵害されたとする者は，次の各号のいずれにも該当するときに限り，当該特定電気通信の用に供される特定電気通信設備を用いる特定電気通信役務提供者（以下「開示関係役務提供者」という。）に対し，当該開示関係役務提供者が保有する当該権利の侵害に係る発信者情報（氏名，住所その他の侵害情報の発信者の特定

26　ただし，利用契約や利用規約に削除権限があることや，削除によって一切責任を負わない旨が記載されていても，必ずしもそれが法律上認められるとは限らないことは，前述のとおりです。

に資する情報であって総務省令で定めるものをいう。以下同じ。）の開示を請
求することができる。
　一　侵害情報の流通によって当該開示の請求をする者の権利が侵害されたこ
　　とが明らかであるとき。
　二　当該発信者情報が当該開示の請求をする者の損害賠償請求権の行使のた
　　めに必要である場合その他発信者情報の開示を受けるべき正当な理由があ
　　るとき。

　この規定は，発信者情報を開示すべき場合の要件を定めるもので，①「権利
侵害の明白性」と，②「開示の必要性」が必要であると規定しています。

　これらの要件は非常に厳しいものですから，開示すべきケースは基本的に裁
判所の判断がある場合に限られるでしょう。仮処分の決定に従って発信者情報
を開示した場合には，これらの要件が認められることを裁判所が判断している
ため，そのことを説明すれば免責される可能性は高いといえます。

　一方，任意請求に応じて開示している場合には，①「権利侵害の明白性」と，
②「開示の必要性」が認められると判断した根拠を示し，これらの要件が認め
られることを証明しなければいけません。

120 第3章 対 応 編

5 裁判への対応

1 呼出状が届いたときは

　裁判所からの呼出状が届いた場合，それは裁判（訴訟・仮処分）で削除・開示請求がなされたことになります。任意請求と裁判のいずれの方法をとるかは請求者の自由ですので，はじめは任意請求を行っておき，それが拒否された場合には裁判を行うというケースもありますし，はじめから裁判手続を行うケースもあります。

　裁判所からの呼出状には，裁判所に出頭すべき日時（期日）が記載されています。また，反論がある場合は答弁書を作成して提出することになりますが，その提出期限が記載されていることもあります。これらの記載は裁判対応の初動にとって重要ですので，しっかり確認しておきましょう。

　答弁書を提出せず，また期日にも出頭しなければ，基本的に請求者（原告）の言い分をもとに判断がなされます。そのため，反論がある場合は裁判対応をしっかり行う必要があります。

2 投稿型サイト管理者・サーバ管理者の注意点

　投稿型サイト管理者やサーバ管理者に対して削除・開示請求の裁判がなされた場合，管理者は発信者ではありませんので（発信者はサイトやサーバの利用者です），掲載された情報の真偽などについては把握していないのが通常です。しかし，だからといって裁判手続を放置したり，原告の請求をすべて認めるなどと答弁してしまうと，原告の言い分のみをもとに判断がなされ，その結果発信者の権利（表現の自由やプライバシー権など）を害してしまうことにもなりか

ねません。これは，発信者から投稿型サイト管理者やサーバ管理者に対する損害賠償請求の理由になり得るものですので，削除・開示請求の裁判がなされた投稿型サイト管理者やサーバ管理者も，一応争う姿勢はみせておくことが無難でしょう。

　また，裁判がなされた場合でも，可能な限り意見照会・意見聴取の手続は行う必要があります。任意請求から裁判に発展したケースで，任意請求の際に意見照会・意見聴取を行っていた場合であっても，改めて行いましょう。そして，発信者からの回答に反論が記載されているときは，これを裁判に提出することが必要です。

捜査機関への対応

　これまで説明してきた1から5は、すべて民事的な責任に関するものを前提としています。しかし、インターネットでの情報発信によって課せられるのは民事責任だけではありません。発信された情報の内容によっては、刑事責任を課せられることもあります。

　刑事罰の対象となるものはさまざまあり、たとえばインターネット上の誹謗中傷は、名誉毀損罪や侮辱罪に該当することがあります。その他、わいせつ物頒布なども刑事罰の対象となりますが、中でも厳しく取り締まりを受けるのが児童ポルノ禁止法違反や青少年健全育成条例違反です。管理運営のあり方によっては、サイト・サーバ管理者も刑事処分を受ける可能性がありますので、民事責任だけでなく刑事責任のリスクにも留意しておく必要があるでしょう。

1 削除請求への対応

　自身の管理するサイト・サーバ上の情報について、警察などの捜査機関から削除要請が来ることがあります。これについては、削除に応じることが無難でしょう。サイト管理者自身がその情報の発信者である場合はもちろん、そうでない場合も同様です。

　削除要請がなされた場合、捜査機関としては、その情報が刑事的にみて違法の可能性があると判断したと思われます。そのため、削除要請に応じないでいると、更なる捜査の必要があると判断し、逮捕や捜索差押などの強制捜査に至る可能性があるためです。これらの刑事処分を受けることによる不利益は極めて大きいといわざるを得ません。

6 捜査機関への対応 *123*

| Point | #19　投稿型サイト・サーバ管理者の刑事責任 | Q |

　投稿型サイトやサーバ管理者は，自身が刑事罰の対象となる行為（違法な情報の発信）をしたわけではありません。しかし，違法な情報への対応によっては，管理者も刑事責任を問われることがあります。

　刑法には，「幇助」という概念があります。「幇助」とは，簡単にいえば他人の犯罪を助長・促進することを指します。インターネット上の情報に関していえば，違法な情報が多く投稿されているのを知っていたにもかかわらず，あえて注意喚起や削除などの措置を講じない場合に，違法な情報の発信を助長・促進したものとして，「幇助」したと判断される場合があるのです。

　「幇助」したと判断される場合，刑事罰の対象となり，逮捕や捜索差押などの刑事処分の対象にもなります。実際，インターネット上の違法な情報発信を「幇助」したとして逮捕された事例も過去にあるところです。"自身が違法な情報を発信したわけではないから逮捕などはなされないだろう" と考えることは控えましょう。

2　開示請求（捜査事項関係照会）への対応

　捜査機関から，発信者に関する情報の開示を請求されることもあります。これは，「捜査関係事項照会」という形式でなされることが一般的ですが，これには応じるべきであるとは一概にはいえません。

　まず，この捜査関係事項照会はあくまで任意の捜査であって，これに応じる法的義務はないと考えられています。また，「捜査関係事項照会」を受けたからといって，他人の情報を開示することが正当化されるわけではありません。先述のとおり，安易に発信者の情報を開示することは発信者のプライバシー権を侵害することがあるほか，個人情報保護法や電気通信事業法の違反になることもあります。

　「捜査関係事項照会」への回答を拒否したとしても何らかのペナルティがあるわけではありませんし，発信者の情報を開示することによるリスクは無視で

きませんから，これへの対応は慎重にすべきでしょう。

　なお，裁判官の発する令状がある場合は強制捜査であり，これには応じる法的な義務があります。

第4章

判　断　編

　第4章では，権利侵害があるかどうかをどのように判断するかを解説します。判断のプロセスを把握すれば，適切な判断を行うことが可能です。

| 1 | 削除請求と開示請求の判断方法の違い |

| 2 | 名誉毀損・信用毀損 |

| 3 | プライバシー権侵害 |

| 4 | 著作権侵害 |

| 5 | その他の権利侵害・侵害行為 |

削除請求と開示請求の判断方法の違い

　削除請求と開示請求は，いずれも，被害者の権利利益が侵害されているかが判断の対象になります。しかし，厳密には，削除請求と開示請求で検討する方法が違うことに注意が必要です。

　開示請求の場合，単に権利侵害があるというだけでは開示は認められません。プロバイダ責任制限法が，「権利が侵害されたことが明らか」（権利侵害の明白性）という要件を必要としているからです（4条1項1号）。一方，削除請求にはこのような明白性は要求されていません。

　この違いが具体的にどのような影響をもたらすかというと，違法性阻却事由の判断に影響してきます。違法性阻却事由については，それぞれの判断方法のところ（本章2以下）で詳しく説明しますが，この違法性阻却事由をどのように判断すべきかどうかという点に違いをもたらすのです。

　（権利侵害の明白性が求められる）開示請求の場合，開示するという対応をするためには，"違法性阻却事由がない"ということが一応判断できる程度まで検討を進めなければいけません[1]。請求者としても，違法性阻却事由がないことを示す資料を提示する必要があります。一方，削除請求の場合，請求者はそこまでの資料を提示する必要は必ずしもありません。削除するという対応をするにあたっては権利を侵害していることがわかれば良く，すべてのケースで違法性阻却事由の判断に踏み込む必要はないのです（もっとも，削除請求の場合であっても，違法性阻却事由が問題となることが明らかな場合[2]や，発信者から違法性

---

1 「権利が侵害されたことが明らか」とは，「不法行為等の成立を阻却する事由の存在をうかがわせるような事情が存在しないことまでを意味する」と考えられています（総務省「特定電気通信役務提供者の損害賠償責任の制限及び発信者情報の開示に関する法律―解説―」（2016年）28頁）。
2 表現の内容が公共の利害に関することがらである場合（➡本章2 3 (1)参照）などがこれにあたります。

阻却事由があることの主張がある場合には，違法性阻却事由の判断をする必要があります[3]。）

　このように，権利侵害の判断は削除請求と開示請求の間で違いがあります。検討する内容が違う以上，同じ投稿について削除請求と開示請求が同時になされたとしても，削除請求には応じるが開示請求には応じないという対応も認められるところで，実際このような対応は多くなされています。

図表12　権利侵害の判断方法の違い

	権利侵害の有無の判断	違法性阻却事由の判断	違法性阻却事由の判断について十分な資料を提示すべき者
開示請求	必要あり	必要あり（"違法性阻却事由がない"ということが一応判断できる程度まで）	請求者
削除請求	必要あり	必ずしも必要ない（違法性阻却事由が問題となることが明らかな場合や，意見照会などで発信者から違法性阻却事由があることの主張がなされたときは必要あり）	発信者（違法性阻却事由が問題となることが明らかな場合は，請求者）

3　このとき，違法性阻却事由があることを示す十分な資料が提出すべき者は，発信者です。

名誉毀損・信用毀損

　名誉毀損は削除・開示請求の理由となることが多いものですが，その判断の方法は単純ではありません。検討項目は複数ありますから，1つひとつ検証していく作業が必要です。

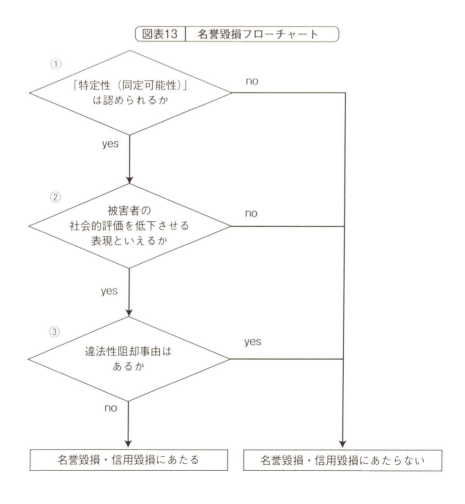

図表13　名誉毀損フローチャート

② 名誉毀損・信用毀損　129

1　特定性（同定可能性）が認められるか

　まず検討すべき項目は，問題となっている記載内容を読んだときに「請求者のことを指している」と理解できるか（このことを「特定性（ないし同定可能性）」といいます）です。これが認められなければ，名誉毀損・信用毀損があるとはいえません。いくらひどい誹謗中傷が書かれていたとしても，誰のことか（どの企業のことか）がわからなければ，その人（企業）に対する社会の印象（＝「名誉」）が悪くなることはないからです。

(1)　基本的な考え方

　まずは問題となっている記載を読んで，「請求者のことを指している」と理解できるかを検討します。

　このとき，"社会一般人" が「請求者のことを指している」と理解できる必要まではありません。そのように考えてしまうと，社会一般に知られていない人の名誉毀損は成立しないことになるためです。特定性が認められるためには，"請求者と面識がある人" または "請求者の属性[4]のいくつかを知る人" が「請求者のことを指している」と理解できれば足りると考えられています[5]。

> **記載例1**　　特定性が認められる典型的な記載

> 1　名前：<u>名無しさん</u>：2016/07/28（木）17:22:50:00 ID:abc
> 　　弁護士の渡辺泰央は，…（以下略）

　問題となっている記載が **記載例1** のような場合，特定性は認められると判断されます。弁護士である「渡辺泰央」という人物はひとりしかいないためで

4　ここでいう「属性」とは，生年月日，氏名，住所，性別，出身地，職業，経歴，身体的特徴など，請求者に関する情報を指します。

5　東京地判平成11年6月22日判時1691号91頁（「石に泳ぐ魚」事件）。

130 第4章 判 断 編

す（平成28年現在）。

記載例2 属性から特定性が認められる記載

> 1　名前：<u>名無しさん</u>：2016/07/28（木）17:22:50:00 ID:abc
> 　　登録番号00000の弁護士は，…（以下略）

　記載例2　のような場合でも，特定性は認められます。「弁護士」であり，かつ「登録番号」が特定されれば，その属性をもつ人物は1人に絞られるからです。

記載例3－1 同姓同名が存在し得る記載

> 1　名前：<u>名無しさん</u>：2016/07/28（木）17:22:50:00 ID:abc
> 　　田中一郎は，…（以下略）

　記載例3－1　のような記載だけでは，特定性があるとはいえません。「田中一郎」という氏名をもつ人物は，1人であるとはいえないためです。

記載例3－2 伏字になっている記載

> 1　名前：<u>名無しさん</u>：2016/07/28（木）17:22:50:00 ID:abc
> 　　渡●泰●は，…（以下略）

記載例3－3 イニシャルになっている記載

> 1　名前：<u>名無しさん</u>：2016/07/28（木）17:22:50:00 ID:abc
> 　　Wという人物は，…（以下略）

　記載例3－2　記載例3－3　の場合も，このような記載だけでは，特定性があるとはいえません。伏字やイニシャルの部分を補完して成立するような氏名

をもつ人物は1人に絞られないためです。

(2) 前後の文脈も考慮要素となる

しかし，問題となっている記載だけでは"請求者のことを指している"と理解できない場合でも，ただちに特定性を否定するべきではありません。特定性は，前後の文脈も含めて判断するものだからです。

記載例4 スレッドタイトルから特定が可能な場合

> # ★★株式会社XXXXについて語ろう★★
> 1　名前：名無しさん：2016/07/28（木）17:22:50:00 ID:abc
> 　　田中一郎は，…（以下略）

スレッドタイトルまで含めて読むと，この記載は「株式会社XXXX」の「田中一郎」を指していることがわかります。そして，株式会社XXXXに在籍している田中一郎さんが1人しかいない場合，特定性は認められると判断されることになります。

記載例5 前後の投稿から特定が可能な場合

> # ★★株式会社XXXXについて語ろう★★
> 1　名前：名無しさん：2016/07/28（木）17:22:50:00 ID:abc
> 　　Wという人物は，……（以下略）
> 2　名前：名無しさん：2016/07/28（木）18:30:55:00 ID:def
> ＞＞1
> 　　先月総務部にとばされてきた中間管理職ね。アイツは，……（以下略）

問題となっている記載が「1」の投稿だとしても，スレッドタイトルおよび「2」の投稿まで含めて読むと，「1」で書かれている「W」さんは，株式会社XXXXに在籍するもので，かつ先月総務部に配属された中間管理職であるこ

132 第4章 判 断 編

とが読み取れます。そのような人物であって、「W」のイニシャルをもつ者が
ひとりしか存在しない場合は、「1」の投稿の特定性が認められます。

(3) ペンネーム、芸名、源氏名についてはどうか

作家やタレント、著名人などはペンネーム、芸名を使用していることが少な
くありません。また、飲食店などでスタッフがいわゆる"源氏名"を使用して
いることもあります。そして、このような名称が記載されたにすぎず、実名が
記載されたわけではないというケースもあり得ます。しかし、このような場合
であっても、ただちに特定性が否定されるわけではありません。これらの名称
からであっても"請求者と面識がある人"または"請求者の属性のいくつかを
知る人"が「請求者のことを指している」と理解できるのであれば、特定性は
認められます。

2 社会的評価を低下させるといえるか

特定性（同定可能性）の次に検討すべきなのは、その記事や投稿によって請
求者の社会的評価が低下したかどうかです。単に"気分が害された"というも
のとは区別されるものですので、この点は注意しましょう[6]。

(1) 基本的な考え方

社会的評価の低下とは聞きなれない言葉だと思いますが、「世間のイメージ・
印象が悪くなる」程度の意味と考えておきましょう。

社会的評価が低下するかどうかは、「一般の読者の普通の注意と読み方」を
基準に判断します[7]。そのため、いくら請求者自身が「世間のイメージが悪くな
る表現だ」と主張していたとしても、一般人からすればそうとは思われないよ

---

6 気分が害された、などという主張がなされたときは「名誉感情の侵害」の問題として
　別途検討されることになります。
7 最判昭和31年7月20日民集10巻8号1059頁。

うな場合であれば，社会的評価が低下したとはいえません。逆に「我々の年代からすれば，この程度の悪口は問題ない」とか「この地域では，この程度のことを言われても何も思わない」などと考えることもできません。あくまで一般人が基準になります。

なお，「インターネット上の情報は新聞やテレビと違って信ぴょう性がなく，ひどいことが書いてあったとしても誰も信じないから，社会的な評価は低下しないはずだ」という主張を（主に発信者側の意見として）目にすることがあります。そのような考えも全く理由がないとはいいませんが，裁判所は必ずしもそのように考えておらず，社会的評価が低下したかどうかの判断の際にインターネットを他のメディアと区別していません[8]。そのため，名誉毀損の判断をする際にこのような考えをとるべきではないでしょう。

(2) 具体例

どのような表現が社会的評価を低下させるかは個々の事例によりますが，典型的なものは，請求者が違法な行為や社会的に許されない行為をしているかのような表現です。たとえば次のような内容が考えられます。

- 犯罪を実行しているまたは関与している
- 脱税をしている
- 不貞行為・不倫行為をしている
- 違法薬物を使用している
- 腐った料理を提供している
- 医療ミスをしている
- 詐欺事業を行っている
- 残業代を支払っていない
- 職場で女性スタッフの身体を触るなどしている

8　最判平成22年3月15日刑集64巻2号1頁は，インターネットの個人利用者による名誉毀損につき，「個人利用者がインターネット上に掲載したものであるからといって，おしなべて，閲覧者において信頼性の低い情報として受け取るとは限らない」と判断しています。

134 第4章 判　断　編

- 職場で部下に対して暴言や暴力を繰り返している　など

3 違法性阻却事由（正当化事由）はあるか

　最後に検討すべき事項は、表現を正当化する事由（「違法性阻却事由」ともよ
ばれます）があるかどうかです。社会的評価を低下させるような表現であって
も、これが認められる場合には、法的に許される表現となります。

(1) 認められる要件

　違法性阻却事由がある場合とは、次のすべてを満たす場合です[9]。

> ①　表現の内容が公共の利害に関することがらであること
> ②　その表現がもっぱら公益を図る目的でなされたこと
> ③　摘示された事実が真実であること※
> 　（事実を前提とした意見・論評の場合）
> ④　人身攻撃に及ぶなど意見ないし論評としての域を逸脱したものでないこと

※　事実を前提とした意見・論評型のケースの場合は、「前提としている事実が重要
な部分について真実」であることが要件となります[10]。

①　表現の内容が公共の利害に関することがらであること

　表現された内容が、たとえば次のようなものである場合には、「公共の利害
に関する」ものに該当する可能性があります。

> - 国や地方公共団体に関するもの
> - 国会議員、地方公共団体の長・議員やこれらの候補者に関するもの
> - 企業や団体に関するもの
> - 会社や団体の代表者に関するもの　など

9　最判昭和41年6月23日民集20巻5号1118頁。
10　最判平成元年12月21日民集43巻12号2252頁。

2 名誉毀損・信用毀損　*135*

一方，たとえば私人のプライベートに関する事実については，公共の利害に関するものとはいえません。

②　その表現がもっぱら公益を図る目的でなされたこと

公共の利害に関する内容であっても，公益を図る目的でなされたものでなければ正当化されません。嫌がらせ目的，報復目的などのために行われた表現は，公益を図る目的がなく，正当化されないことになります。

公益を図る目的かどうかは，表現の仕方や調査の程度などから判断されます。誰かが言ったことを単に鵜呑みにして投稿した場合や，下品な表現や馬鹿にしたような表現が使われている場合には，公益目的は認められない方向に傾くでしょう。

③　摘示された事実が真実であること

いくら公共の利害に関するもので，公益を図る目的でなされた表現だとしても，それが事実と違う場合には正当化されません。

ただ，任意請求の段階で真実かどうかを見極めるのは困難といわざるを得ません。真実かどうかが明確に判断できる証拠資料が請求者または発信者から提示されれば問題ないのでしょうが，そのようなケースは極めてまれです。また，「事実の不存在」の証明は「悪魔の証明」ともいわれ，非常に困難なものとされています。そのため，請求者側に真実ではないことの証明を求めることは酷となることがあります。したがって，"真実性が判明しなければ権利侵害があるかどうかの判断ができない"というケースにおいては，判断不能である以上権利侵害は認められないものとして対応することもやむを得ないと考えられます[11]。

11　このような場合には，請求者に対して請求を拒否すると回答をすることになりますが，その際の通知書に「裁判所の判断があればそれに従う」旨を記載して裁判手続を促すのもよいでしょう。これに応じて請求者が裁判所の仮処分決定や判決を取得してきたときは，裁判所の決定に従った対応をとります。

136 第4章 判 断 編

④ 人身攻撃に及ぶなど意見ないし論評としての域を逸脱したものでないこ
と（事実を基礎とした意見・論評の表明である場合）

社会的評価を下げるような表現の中には，意見や評価を述べるもの（これを
「意見ないし論評の表明」といいます）が含まれることもあります。たとえば，
「○○医師は医療ミスをしたから医師として失格だ」とか「レストラン○○は
古い食材を使っているから味が悪い」という表現については，「医師として失
格だ」「味が悪い」の部分が意見・論評の表明です。

意見・論評が含まれる場合は，たとえ①～③[12]を満たす場合であっても，意
見・論評の部分が「人身攻撃に及ぶなど意見・論評の表明の域を逸脱」してい
れば正当化されません[13]。たとえば「医師として失格だ」とか「味が悪い」で
あれば，意見・論評の表明の域を逸脱しているとはいえないでしょうが，「人
体実験レベルのヤブ医者だ」とか「豚のエサにも劣る」のように，下品な表現
や必要以上に貶めるような表現を使っている場合は，その域を逸脱していると
いえます。

(2) 違法性阻却事由が問題となるケース

① 犯罪報道

記載例6 インターネット上の犯罪報道の例

2016/08/04

2016-08-04 19:59:45 NEW！

テーマ：ニュース

「○○市の路上で，●川●子さんが遺体で見つかった事件で，警視庁は，
同市○○区の職業不詳　●山●男を　強盗殺人容疑で逮捕した。」

犯罪事実の報道は，実名でなされることがあります。これによって実名を報

12　この場合の③の真実性は，「前提としている事実が重要な部分について真実」であるか
どうかで判断します。

13　最判平成元年12月21日民集43巻12号2252頁。

②　名誉毀損・信用毀損　*137*

道された人は，犯罪を行った（行った疑いがある）ということが公開されたわけですから，社会的評価が低下するといえます。しかし，犯罪報道は社会の正当な関心事と考えられていますから，内容が真実であり，表現方法が問題なければ，ほとんどの場合で違法性阻却事由があると判断されます[14]。

　もっとも，犯罪報道であっても，それが永遠にインターネット上に残ってしまうとすれば，罪を犯してしまった人がいつまでたっても更生することができません。そのため，その犯罪報道から相当期間[15]経過し，犯罪報道を残しておく利益よりも更生を妨げられない利益が大きいと判断されるときは，その犯罪報道も正当化されないと認められることがあります。

②　企業・団体に関するもの

記載例7　インターネット上の企業や団体に関する表現の例

●●　@abc－8月4日
前に勤めていた○○株式会社もサービス残業が常態化していたなー

　近年，いわゆる「ブラック企業」が社会問題化し，それに伴って，特定の企

14　ただし，犯罪事実に関連するものであれば無制限に許されるものではありません。過去のケースで，「犯罪事実に関連する事項であっても無制限に摘示・報道することが許容されるものではなく，摘示が許容される事実の範囲は犯罪事実およびこれと密接に関連する事項に限られるべきである。したがって，犯罪事実に関連して被疑者の家族に関する事実を摘示・報道することが許容されるのも，当該事実が犯罪事実自体を特定するために必要である場合又は犯罪行為の動機・原因を解明するために特に必要である場合など，犯罪事実及びこれと密接に関連する場合に限られるものと解するのが相当」（東京地判平成7年4月14日）として，被疑者の妻の勤務先の名称が公開されたことを違法と判断した裁判例があります。

15　何年経過すればよいのか，というのは一概にはいえません。ただ，少なくとも裁判上は数年単位の時間の経過が求められており，報道されてから数日ないし数カ月では報道の違法性は認められないでしょう。

138 第4章 判 断 編

業や団体を批判するようなインターネット上の記載も増えてきています。

ただ，企業や団体に関する情報については，違法性阻却事由のうち①と②は認められることが多いと考えられています[16]。そのため，事実に反する内容であってはじめて違法と判断されるケースも少なくありません。

たとえば上記の　記載例7　で「サービス残業が常態化していた」という表現が，社会的な評価を低下させることについては間違いないでしょう。そのため，削除・開示請求を行った会社が，全社員の労働時間を正確に記録していることや，それに対応した残業代を全額支払っている事実を示す資料を提供した場合には違法と判断できるでしょう。しかし，そのような場合でなければ，判断不能なケースとして対応する場面も少なくないと思われます。

---

16 プロバイダ責任制限法ガイドライン等検討協議会「プロバイダ責任制限法　名誉毀損・プライバシー関係ガイドライン　第3版補訂版」（2014年）33頁は，「企業その他の法人等の名誉又は信用を毀損する表現行為が行われた場合，①企業その他の団体はほとんどの場合，公的存在とみられる」「②表現行為が公共の利害に関する事実に係り，専らかどうかは別としても（他の動機が含まれる場合もある），それなりに公益を図る目的でなされたと評価できる」としています。

3 プライバシー権侵害

　プライバシー権侵害も，削除・発信者情報開示の理由とされることが多い権利侵害です。インターネット上のウェブサイトは基本的に誰でも見ることができるものですから，ここに私生活が書き込まれてしまうと，私生活が世間一般に公開されたことになってしまいます。その意味で，インターネットはプライバシー権侵害の発生しやすい場所ということができます。

　とはいえ，私生活が書き込まれたからといってただちにプライバシー権侵害がある，ということにはなりません。プライバシー権の侵害があるかどうかの判断も，検討項目が複数あり単純ではありませんから，次のフローチャートを参考に，1つひとつ検討していきましょう。

図表14　プライバシー権侵害フローチャート

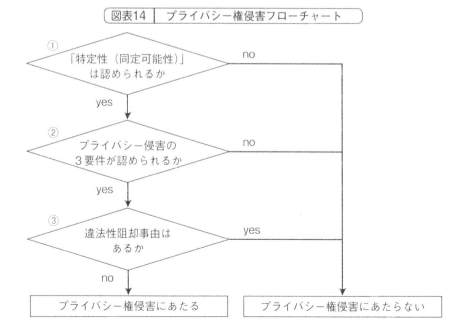

1 特定性（同定可能性）が認められるか

　プライバシー権侵害を理由とする場合も，問題となっている記載を読んだときに「請求者のことを指している」と理解できること（特定性）が必要です。なぜなら，請求者のことを指していると理解できなければ，プライベートが公開されたとはいえないからです。

　この判断については名誉毀損のケースと同様ですので，本章[2] 1 を参照してください。

2 プライバシー侵害の3要件が認められるか

　プライバシー権侵害があるといえるためには，次の3つがすべて満たされていることが必要です [17]。

---

① 　私生活上の事実または私生活上の事実らしく受け取られるおそれのあることがらであること
② 　一般人の感受性を基準にして当該私人の立場に立った場合，公開を欲しないであろうと認められることがらであること
③ 　一般の人々にまだ知られていないことがらであること

---

① 　私生活上の事実または私生活上の事実らしく受け取られるおそれのあることがらであること

　要は，公開された事実がプライベートの領域に関するものであることが必要です。家庭の事情，趣味嗜好，健康状態に関することなどはプライベートの領域に関するものといえます。逆に，公務上・業務上の行動など，他者と社会生活を営むうえで通常知られることになるような事実は，プライバシーの領域と

17　東京地判昭和39年9月28日下民集15巻9号2317頁（「宴のあと」事件）。

はいえないでしょう[18]。

なお，この要件は「私生活上の事実らしく受け取られるおそれのあることがら」を含んでいますから，公開された内容が真実でない場合も，プライバシー権侵害は認められます。

② 一般人の感受性を基準にして当該私人の立場に立った場合，公開を欲しないであろうと認められることがらであること

プライベートの領域の事実であっても，それが公開されたくないというものでなければ，プライバシー権侵害は認められません。たとえば，「毎朝コーヒーを飲んでいる」などといった事実が公開されたとしても，普通プライバシー権侵害は認められないでしょう。

この要件を判断するときも，基準は一般人の感覚です。非常に神経の図太い人で，「何を公開されても恥ずかしくない」と考える人もいるでしょうが，そのような感覚は基準になりません。また，上述のコーヒーの事例で，特に理由もないのに「朝コーヒーを飲んでいる」ことを知られるのが非常に恥ずかしいと感じるような極端な感覚を持つ人がいても，その感覚は基準とはなりません[19]。

③ 一般の人々にまだ知られていないことがらであること

プライバシー権侵害は，公開されていない事実が広く一般に公開されたときに成立します。逆にいえば，すでに一般に公開されている事実については，それが改めて公開されたとしても，基本的にプライバシー権侵害は成立しません。

たとえば，性的マイノリティに属するという事実は上記①，②の要件を満たすでしょうが，それをテレビやインターネットで自ら公開し，それを前提に社

---

18 業務上のことがらであっても，たとえば偽名で風俗店に勤務しているなどの事実は，プライバシーの領域に含まれることがあります。

19 ただ，注意しなければいけないことは，一般人の感覚を基準にするとしても，その一般人とは「その人の立場に立った」一般人を意味することです。少しややこしいと思いますが，「感覚」は一般人を基準にし，「立場」は被害者を基準にします。

会的な活動を行っている人については，そのことをインターネットで指摘したとしてもプライバシー権侵害は認められません。

　これらをふまえ，プライバシー権侵害が認められるような例としては，次のものがあります（すでに一般に公開されていたものは除きます）。

- 個人の氏名，住所，電話番号，顔写真
- 給料・年収の額
- 不倫している事実
- 特定の人と交際していること，肉体関係があること
- 病歴（特に，性病，偏見のある病気，精神疾患など）
- 性的マイノリティであること
- 性的嗜好
- 風俗店で勤務している（いた）こと　　　など

3　違法性阻却事由（正当化事由）はあるか

　プライバシー権侵害についても，違法性阻却事由（正当化事由）がある場合には，法的に許されるものとなります。プライバシー権侵害における正当化事由がある場合とは，次の場合です[20]。

　その事実を公表されない法的利益とこれを公表する理由とを比較衡量し，前者が後者に優越する場合

　もっとも，この要件が認められるケースは多くはありません。これが認められるのは，犯罪報道や議員の行動などの報道の場合でしょう。

20　最判平成6年2月8日民集48巻2号149頁，最判平成15年3月14日民集57巻3号229頁。

4 著作権侵害

著作権も，インターネット上で侵害されることの多いものです。インターネット上にはイラストや音楽をはじめ，文章，動画，アイコン，サイトデザインに至るまで，著作権の保護を受けるものは非常に多くあります。しかし一方で，インターネット上にあるものはコピーが簡単にできます。文章のコピペはもちろん，画像，音楽，動画などもすぐにダウンロードできてしまいます。サイトデザインについても，ウェブサイトのHTMLソースは，インターネットの仕組み上公開せざるを得ないので，コピーしようと思えばできてしまいます。これらの理由から，著作権侵害はインターネット上で数多く発生し，また削除・発信者情報開示請求の理由とされることが多くなっています。

著作権侵害の判断は非常に難しく，専門家でも悩む場面は少なくありません。ただ，インターネット上では著作権侵害が明白なケースもありますから，次のフローチャートを参考に，著作権侵害があるかどうか判断しましょう[21]。

21　著作権侵害に関しては，プロバイダ責任制限法ガイドライン等検討協議会著作権関係WGが「プロバイダ責任制限法著作権関係ガイドライン」を公表し，削除・開示請求への対応を解説するとともに，参考書式も提示しています。同ガイドランで解説された対応方法や書式は合理的なもので，これに基づいた対応を行うことも適切なものといえます。ただ，インターネット上における著作権の問題は多様ですから，同ガイドラインだけでは検討しきれない問題も少なくないように思われます。その観点から，本書では，著作権侵害の判断についてより詳細な検討方法について解説をしています。

図表15 著作権侵害フローチャート

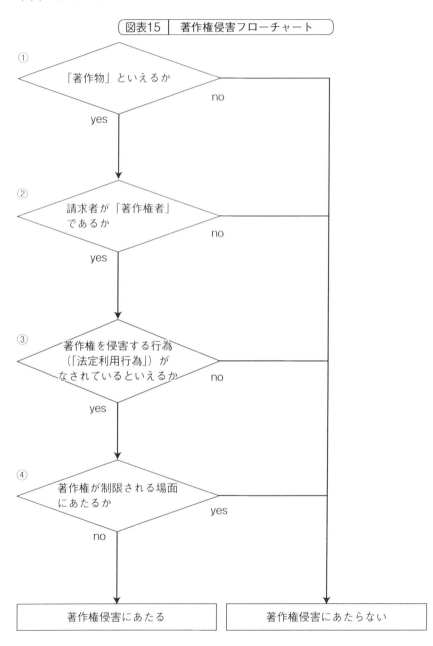

4 著作権侵害 *145*

1 「著作物」といえるか

(1) 基本的な考え方

著作権侵害が成立するためには，対象が「著作物」でなければなりません。「著作物」[22]とは，著作権の保護を受ける作品という程度の意味で，ここでいう作品の形式には特に制限はありません[23]。インターネット上の文章，画像，音楽，動画，サイトデザインなどは，すべてこの「著作物」になり得るものです。

ある作品が著作権の保護を受けるためには，その作品に"作者の個性"が表れていればよいと考えられています。芸術性が表れている必要はありませんから，子供の落書きも著作物になり得ます。

(2) 「ありふれた表現」に著作権は認められない

もっとも，すべての作品が著作権の保護を受ける（＝「著作物」となる）わけではありません。

---

22 著作権法上は，「著作物」は「思想又は感情を創作的に表現したものであって，文芸，学術，美術又は音楽の範囲に属するもの」（著作権法2条1項1号）と定義されています。
23 著作権法は，「著作物」の例を次のとおり列挙しています（10条）。（もっとも，「著作物」となるのはこれらに限定されるわけではありません。）
① 小説，脚本，論文，講演その他の言語の著作物
② 音楽の著作物
③ 舞踊又は無言劇の著作物
④ 絵画，版画，彫刻その他の美術の著作物
⑤ 建築の著作物
⑥ 地図又は学術的な性質を有する図面，図表，模型その他の図形の著作物
⑦ 映画の著作物
⑧ 写真の著作物
⑨ プログラムの著作物
また，これらのほか
・編集著作物（12条1項）
・データベースの著作物（12条の2第1項）
も著作権の保護を受けることが明記されています。

146 第4章 判 断 編

著作権法の考え方の1つとして,「ありふれた表現」には著作権が認められないとされています。たとえば,「おはよう」「こんにちは」「時下ますますご清栄のこととお慶び申し上げます」のようなあいさつ文であるとか,単純な「丸」「三角」「球体」などの図形は「ありふれた表現」として著作権が認められないことになります[24]。

どこまでが「ありふれた表現」で,どこからが著作権の保護を受ける「著作物」になるかは非常に難しい問題で,裁判で激しく争われることも少なくありません。ただ,インターネット上にある画像,音楽,効果音,動画,アイコンなどは,ほとんどの場合,著作権の保護を受けるでしょう。

インターネット上のコンテンツの中で注意すべきものは,文章とサイトデザインです。文章に関していえば,2～3文程度で構成される投稿には(詩や短歌など芸術性が高いものにあたらない限り)著作権が認められる可能性は低いでしょう。また,サイトデザインについても,少なくともテンプレート化されているようなデザインについては,多少似通っているサイトを作っても著作権侵害とはならないと思われます[25]。

(3) 内容・アイデアが同じだけでは著作権侵害にならない

著作権侵害があると主張される際,その理由をよく見ると"内容"や"アイデア"が同じであるにすぎないことがしばしばあります。しかし,内容やアイデアが同じというだけでは,著作権侵害にはなりません。表現された内容やアイデアそれ自体には著作権は認められないのです[26]。

たとえば,サイトAがあるお金儲けの方法を公開しているときに,それと全く同じ方法を他のサイトBが紹介しているというケースを考えてみましょう。

---

24 作者の個性が表れていないものとして著作権が認められない,と説明することもできます。

25 もっとも,このようなサイトデザインについても,デッドコピーをした場合には著作権侵害になる可能性があります。

26 著作権におけるこのような考え方を「表現・アイデア二分論」といったりします。

4 著作権侵害 *147*

このとき，サイトAの管理者から「ウチで公開している方法と全く同じ方法を
サイトBが掲載している」との訴えがあったとしても，それだけでは著作権侵
害があるとはいえません。「お金儲けの方法」というノウハウ（アイデア）そ
れ自体には著作権は認められないからです。

　ただ，このようなケースでも，著作権侵害が認められることがあります。そ
れは，「お金儲けの方法」を説明する"文章"や"画像"が同じである（もし
くは類似している）場合です。アイデアは目に見えませんが，それを説明する
ために作られた"文章"や"画像"は見たり聞いたりすることができます。著
作権侵害があるかどうかを判断する際は，このように見たり聞いたりできる
"文章"や"画像"を比較するのです。その内容やアイデアを比較するもので
はありません。

Point　#20　無許諾の二次創作に著作権は認められる？　🔍

　近年，主にネットを中心に二次創作文化が広がっています。中でもアニメ，
マンガ，ゲームなどは特に人気となっており，それらを原作品としたイラスト
や同人誌などは広く公開されています。そして，これら二次創作物が，著作権
侵害の対象となることもしばしばあります。二次創作のイラストが無断で流用
されたり，同人誌が違法にアップロードされたりといったケースがこれにあた
ります。

　二次創作に関しても，「（二次的）著作物」として著作権の保護を受けます。
そのため，二次創作の作者が，自身の作品について著作権侵害を理由に削除・
開示請求を行うことも認められます。このことは，それが原作品の権利者の許
諾を得ないものであったとしても同じです。「二次的著作物」を作成する行為は，
原作品の権利者の許諾を得なければ基本的には違法ですが，そのことと，二次
創作の作品が著作権の保護を受けるかどうかは別問題です。「二次創作は法律違
反の作品だから保護されない」という考え方もあり得るところですが，サイト
管理者・サーバ管理者の態度としては，二次創作に関しても著作権が認められ
るものとして扱うことが無難でしょう。

148　第4章　判　断　編

2　請求者が「著作権者」であるか

　削除・開示請求を行うことができるのはネット上での情報掲載によって被害
を受けた人ですが，著作権侵害の場合，その「被害者」となるのは著作権を
もっている人，つまり「著作権者」です。そのため，「著作権者」以外による
削除・開示請求については，基本的に応じる必要はありません（後述の著作者
人格権や著作隣接権などをもつ者の例外に注意が必要です）。

　ただ，名誉毀損やプライバシー権侵害の場合と違い，著作権侵害の場合，誰
が「被害者」か（つまり，誰が権利侵害を受けた人か），ということの判断が難
しい場合があります。名誉毀損やプライバシー権侵害は，特定性（同定可能性）
が認められれば同時に「被害者」も確定するといえますし，削除・開示請求を
行う権利を誰かに譲渡するということもありません。しかし，著作権の場合，
作品が完成した時点からして"誰が著作権をもつか"は複数のパターンがあり
ます。そのうえ，著作権が誰かに譲渡されることもしばしばあります。そのた
め，著作権侵害を理由とした削除・開示請求については，請求者が本当に「著
作権者」であるかを確認しなければいけません。

(1)　作品を作った人に著作権があるのが原則

　法的にも常識的にも，実際に作品を作った人（「著作者」といいます。なお，
「著作権者」は著作権をもっている人を指し，著作者とは違う概念ですので注意しま
しょう）に著作権が認められるのが原則です[27]。実際に作品を作った人ですから，
絵であれば実際に手を動かして描いた人，小説であれば実際に文章を作った人
がこれにあたります。単にアイデアを提供した人やアドバイスをした人という
だけでは，その人に著作権は認められません[28]。

27　「著作者は，……著作者人格権……著作権……を享有する。」（著作権法17条）とされて
　　おり，このような考え方を「創作者主義」と読んだりします。
28　このような関与をした者から，自身は「共同著作者」であると主張されることもありま
　　すが，この程度の関与では「共同著作者」にも該当しません。

４ 著作権侵害　*149*

　なお，作品に作者名[29]が通常の方法により表示されている場合，その表示されている人が作品を作った人（＝著作者）と推定[30]されます（著作権法14条）。そのため，サイト管理者・サーバ管理者にあっては，その表示が著作者を認定する際の重要な判断材料になるでしょう。

(2)　「職務著作」には注意

　作品を作った人に著作権があるとするのが原則ですが，重要な例外があります。「職務著作」（著作権法15条）にあたる場合です。これは，会社や事業者に雇用されている人が，そこでの仕事として作品を作る場合であって，しかもその作品が雇用主である会社や事業者の名義で公表[31]されるときは，原則としてその会社や事業者に著作権があるとするものです。たとえば，会社の従業員がその会社の商品のプロモーションのために作ったイラストのようなものは，この「職務著作」にあたる可能性があります。

　「職務著作」にあたる場合，著作者は実際に作品を作った人ではなく，雇用主である会社・事業者となります。そのため，作品の無断使用があるとして削除・開示請求がなされた場合で，その作品が「職務著作」にあたる場合，請求者は原則として会社・事業者になります。実際に作品を作った人が請求者になる場合は，雇用主との契約書や勤務規則などから「たとえ仕事で作った作品でも，著作権は実際に作った従業員にある（雇用主が著作権を持つわけではない）」という内容の契約があるということを証明しなければいけません。そのため，仕事として作られるような作品の著作権侵害が主張されている場合には，「職務著作」に注意して著作者を判断する必要があります。

　なお，この「職務著作」は雇用関係が前提となっていますから，作品を作るのを外部に委託したような場合はこの「職務著作」にあたりません。そのため，

29　ここでいう作者名は，ペンネームなども含まれます。
30　推定とは，反対の証明がない限りそのように認定するという意味です。
31　この「公表」の要件は，プログラムの著作物の場合は不要です（著作権法15条２項）。

150　第4章　判　断　編

このような場合は原則に戻り，実際に作品を作った人が著作者となります[32]。

(3)　著作権が譲渡されることもある

　実際に作品を作ったわけでもなく，「職務著作」で著作権をもつことになったわけでもない人から削除・開示請求がなされることもあります。この場合でも，適切な請求といえる場合があります。著作権が譲渡された場合です。

　名誉権やプライバシー権と違い，著作権は取引の対象になりますから，著作権が譲渡される場合がしばしばあります。ただ，権利の譲渡は目に見えません。そのため，著作権を譲り受けたとする人から削除・開示請求があった場合は，契約書などで著作権が譲渡されたことがわかる資料を確認する必要があります。

Point　│ #21　著作権者以外からの請求パターン　　　🔍

1　著作者人格権

　著作権を譲り受けた人から削除・開示請求がなされることがありますが，逆に，すでに著作権を譲り渡してしまった人からこれらの請求がなされることもあります。この場合でも，適切な請求といえる場合があります。著作者人格権を理由とする場合です。

　著作者人格権は，著作者が作品を作ったと同時に持つことになる権利[33]で，①公表権，②氏名表示権，③同一性保持権，④名誉声望保持権を内容とするものです。これらは（たとえ譲渡するとの契約書があったとしても）他人に譲り渡すことはできません。そのため，これらが削除・開示請求の理由となっている場合で，請求者が著作者であることがわかる場合は，作品の著作権を他人に譲渡したことを理由に請求を拒否することはできないのです。

　なお，著作権を譲渡する契約の中に，「著作者は，著作者人格権を行使しない」という旨の条項（「不行使特約」とよばれることもあります）が盛り込まれることがあります。しかし，契約の効力はその当事者だけに及ぶもので，第三者に

32　このような場合，作成を依頼した人が著作権を持つためには，契約によって著作権を譲り渡してもらう必要があります。

33　「職務著作」にあたる場合，著作者人格権を持つことになるのは会社や事業者となります。

は影響がありません。そのため，著作権の譲渡契約書にこの条項があったとしても，著作者は他人に対して著作者人格権に基づく請求ができますので，削除・開示請求を受けたサイト管理者・サーバ管理者は，これに対応する必要があります。

2　著作隣接権

作品を作った人のほか，作品の伝達を行った人にも，著作隣接権とよばれる権利が認められ，著作権の枠組みによる保護が与えられています（著作権法第4章）。ネット上における著作物の利用によっては，この著作隣接権も侵害され得るものですから，この権利をもっている人からも削除・開示請求がなされることがあります。著作隣接権をもつ人と，それぞれに認められる権利は，次のとおりです。

図表16　著作隣接権

著作隣接権が認められる者	保有する権利
実演家（歌手，楽器奏者，ダンサーなど）	• 氏名表示権 • 同一性保持権 • 録音・録画権 • 放送権・有線放送権 • 送信可能化権 • 商業用レコードの二次使用料の請求権 • 譲渡権 • 貸与権
レコード製作者	• 複製権 • 送信可能化権 • 商業用レコードの二次使用料の請求権 • 譲渡権 • 貸与権
放送事業者	• 複製権 • 再放送権・有線放送権 • 送信可能化権

152 第4章 判 断 編

	• テレビジョン放送の伝達権
有線放送事業者	• 複製権
	• 放送権・再有線放送権
	• 送信可能化権
	• 優先テレビジョン放送の伝達権

3 著作権を侵害する行為がなされているといえるか

　著作権の認められる作品であっても，それを利用するすべての行為が著作権侵害となるわけではありません。著作権侵害となる利用の仕方は，法律で決まっています。そのため，著作権侵害が主張されている場合は，法律で定められた利用行為（これを「法定利用行為」とよぶこともあります）がなされているかどうかを判断しなければいけません。

　著作権は，いろいろな権利の"束"であると考えられています。著作権を構成する権利は著作権法21条以下に列挙されており，代表的なものは複製権や翻案権などでしょう。これら著作権を構成する1つひとつの権利を「支分権」といいますが，著作権侵害となる利用行為は，つまりこの「支分権」を侵害する行為[34]を指します。そのため，著作権侵害となる行為のパターンは支分権の数

34　参考までに，著作権侵害になる利用行為の一覧は次のとおりです。
- 複製（21条）
- 上演・演奏（22条）
- 上映（22条の2）
- 公衆送信・伝達（23条）
- 口述（24条）
- 展示（25条）
- 頒布（26条）
- 譲渡（26条の2）
- 貸与（26条の3）
- 二次的著作物の作成（翻訳，翻案など。27条）
- 二次的著作物の利用（28条）

4 著作権侵害 *153*

だけあります。ただ、インターネット上で行われるものは限られていますので、サイト管理者・サーバ管理者としては、それらの類型を押さえておけば十分でしょう。

(1) 複 製

著作権侵害となる利用行為のうち、もっとも基本的なものは「複製」[35]です。典型的な「複製」の例は、たとえば次のようなものです。

- コピー機で紙をコピーすること
- 小説の文章を手書きで別の紙に書き写すこと
- 雑誌のページをスマートフォンのカメラで撮影すること
- コンサート中の音を、マイクを使って録音すること　　など

デジタルデータに関連するもので「複製」にあたる例としては、次のようなものがあります。

- 文章をコピペすること
- イラストをプリンターで出力すること
- PCの内蔵ハードディスクに記録されているデータをUSBメモリにコピーすること
- ソフトウェアをPCにインストールすること
- イラストをインターネット上にアップロードすること
- インターネット上から音楽を（PCの内蔵ハードディスクに）ダウンロードすること　　など

これらをみると、法律上の「複製」は、一般的に用いられる "コピーする" という言葉よりももう少し広いものと考えられています。

---

35 著作権法上は、「印刷、写真、複写、録音、録画その他の方法により有形的に再製すること」と定義されています（2条15号）。

154 第4章 判 断 編

(2) 自動公衆送信（送信可能化）

「自動公衆送信[36]」は，インターネット上で情報を発信する行為そのものといってよいでしょう。ホームページの公開や，ブログ記事の更新，文章やイラストの投稿などは，すべてこの「自動公衆送信」に該当します。

「送信可能化[37]」は，要はインターネットに接続されたサーバに情報を記録（アップロード）すること[38]です。「自動公衆送信」の準備行為と考えましょう。

インターネット上の情報発信によって著作権侵害があるとされるケースでは，ほとんどの場合「自動公衆送信」と「送信可能化」はセットで考えます。「インターネット上に勝手に自分の作品が無断でアップロードされている」という場合，「自動公衆送信」も「送信可能化」も行われていると考えることになりますので，両者を区別する必要のあるケースはあまり多くはありません[39]。

---

36 著作権法上は，「公衆送信のうち，公衆からの求めに応じ自動的に行うもの」と定義されています（著作権法2条1項9号の4）。

37 著作権法上は，「送信可能化」を次のように定義しています（著作権法2条1項9号の5）。
次のいずれかに掲げる行為により自動公衆送信し得るようにすることをいう。
イ 公衆の用に供されている電気通信回線に接続している自動公衆送信装置（公衆の用に供する電気通信回線に接続することにより，その記録媒体のうち自動公衆送信の用に供する部分（以下この号および第47条の5第1項第1号において「公衆送信用記録媒体」という。）に記録され，又は当該装置に入力される情報を自動公衆送信する機能を有する装置をいう。以下同じ。）の公衆送信用記録媒体に情報を記録し，情報が記録された記録媒体を当該自動公衆送信装置の公衆送信用記録媒体として加え，若しくは情報が記録された記録媒体を当該自動公衆送信装置の公衆送信用記録媒体に変換し，又は当該自動公衆送信装置に情報を入力すること。
ロ その公衆送信用記録媒体に情報が記録され，又は当該自動公衆送信装置に情報が入力されている自動公衆送信装置について，公衆の用に供されている電気通信回線への接続（配線，自動公衆送信装置の始動，送受信用プログラムの起動その他の一連の行為により行われる場合には，当該一連の行為のうち最後のものをいう。）を行うこと。

38 サーバに情報を記録した後にそのサーバをインターネットに接続するという順番でも「送信可能化」に該当します。

39 なお，他人の作品を無断でサーバに記録する行為は「複製」にも該当します。そのため，「インターネット上に自分の作品が無断でアップロードされている」というケースでは，「複製」「自動公衆送信」「送信可能化」の3つの法定利用行為がなされていると考えます。

(3) 二次的著作物の作成（翻訳，翻案など）

すでにある作品に手を加える行為というイメージです。法律には，「翻訳」「編曲」「変形」「脚色」「映画化」「その他翻案」と書かれています。インターネット上ではよく「改変」という言葉が使われることがありますが，その「改変」もここに含まれるでしょう。なお，二次的著作物を作成する行為をすべてひっくるめて「翻案」と表現されることもあります（本書でも，便宜上二次的著作物を作成する行為を「翻案」とよびます）。

著作権侵害が主張される場面では，「複製」と「翻案」がセットにされることがよくあります。これは，「複製」と「翻案」の境界があいまいなケースがあるためです。どういうことかというと，たとえば著作権で保護される文章について，一言一句同じ文章を書き写せばそれは「複製」です。しかし，ほんの少し改変し，たとえば「です，ます調」を「だ，である調」に変えただけでは，法律上は「複製」と考えられてしまうのです。ここからもう少し文章に改変を加え，その改変にも芸術的な価値が認められると「翻案」になります。どの程度手を加えれば芸術的な価値が認められるかは一概にはいえませんので，「複製」と「翻案」がセットにされることがあるのです。

なお，多くの改変を加え，全く別の作品といえるまでになった場合は，新たな創作と評価され，著作権侵害になりません。ただ，ここの判断は難しく，裁判でも激しく争われるところです。削除・開示請求への対応としては，"手が加えられていても，元の作品の特徴が残っていたら[40]著作権侵害になる"と考えておきましょう。

4 著作権が制限される場面にあたるか

複製や翻案などを行っても，著作権侵害にならない場合があります。権利者

---

40 判例上は，「既存の著作物の表現上の本質的な特徴を直接感得することのできる」と表現されています（最判平成13年6月28日民集55巻4号837頁（江差追分事件））。

156 第4章 判 断 編

の同意がある場合が典型ですが，権利者の同意なく行っても著作権侵害にならない場合があります。それがどのような場合であるかは法律で決まっており，これを定めた規定は「著作権制限規定[41]」とよばれます（なお，この要件は，名

---

41 参考までに，著作権制限規定の一覧は次のとおりです。
- 私的使用のための複製（著作権法第30条）
- 付随対象著作物の利用（著作権法第30条の2）
- 検討の過程における利用（著作権法第30条の3）
- 技術の開発又は実用化のための試験に用いるための利用（著作権法第30条の4）
- 図書館等における複製等（著作権法第31条）
- 引用（著作権法第32条）
- 教科用図書等への掲載（著作権法第33条）
- 拡大教科書の作成のための複製（著作権法第33条の2）
- 学校教育番組の放送等（著作権法第34条）
- 学校その他の教育機関における複製等（著作権法第35条）
- 試験問題としての複製等（著作権法第36条）
- 視覚障害者等のための複製等（著作権法第37条）
- 聴覚障害者等のための複製等（著作権法第37条の2）
- 営利を目的としない上演等（著作権法第38条）
- 時事問題に関する論説の転載等（著作権法第39条）
- 政治上の演説等の利用（著作権法第40条）
- 時事の事件の報道のための利用（著作権法第41条）
- 裁判手続等における複製（著作権法第42条）
- 行政機関情報公開法等による開示のための利用（著作権法第42条の2）
- 公文書管理法等による保存等のための利用（著作権法第42条の3）
- 国立国会図書館法によるインターネット資料およびオンライン資料の収集のための複製（著作権法第42条の4）
- 翻訳，翻案等による利用（著作権法第43条）
- 放送事業者等による一時的固定（著作権法第44条）
- 美術の著作物等の原作品の所有者による展示（著作権法第45条）
- 公開の美術の著作物等の利用（著作権法第46条）
- 美術の著作物等の展示に伴う複製（著作権法第47条）
- 美術の著作物等の譲渡等の申出に伴う複製等（著作権法第47条の2）
- プログラムの著作物の複製物の所有者による複製等（著作権法第47条の3）
- 保守・修理等のための一時的複製（著作権法第47条の4）
- 送信の障害の防止等のための複製（著作権法第47条の5）
- 送信可能化された情報の送信元識別符号の検索等のための複製等（著作権法第47条の6）
- 情報解析のための複製等（著作権法第47条の7）

4 著作権侵害 *157*

誉毀損・プライバシー権侵害でいう「違法性阻却事由（正当化事由）」と同じ位置づけと考えましょう）。

インターネット上で問題となる「著作権制限規定」の種類も限られていますから，サイト管理者・サーバ管理者としては，それらを押さえておけば十分でしょう。

(1) 引用（著作権法32条1項）

「引用」にあたる場合は，法定利用行為の種類を問わず，著作権侵害は認められないことになります。どのような利用の仕方が「引用」にあたるかは法的には複雑な議論があるところですが，概ね次のように理解されています[42]。

---

① **明瞭区別性**

「どこからどこまでが他から引っ張ってきたものかハッキリわかるようにする」ということです。引用符（" "）をつけたり，枠で囲んだりするなどの方法があります。

② **主従関係**

「自分の作った部分がメイン（主）で，他から引っ張ってきた部分がサブ（従）の関係にあること」をいいます。

③ **正当範囲**

引用の目的上正当な範囲内で引用することです。引用の目的と無関係な部分をコピーしてはいけませんし，必要以上にコピーすることもできません。

④ **出所の明示**

引用元（出典）を明示することです。

この「引用」で適法になるのは，たとえば独自の考察をわかりやすくするために他者の配信したニュース記事や文章，画像を一部紹介するような形でしょう。

- 電子計算機における著作物の利用に伴う複製（著作権法第47条の8）
- 情報通信技術を利用した情報提供の準備に必要な情報処理のための利用（著作権法第47条の9）
- 複製権の制限により作成された複製物の譲渡（著作権法第47条の10）

42 最判昭和55年3月28日民集34巻3号244頁（パロディ事件第一次上告審）など。

158 第4章 判 断 編

もっとも問題となり得るのは②の主従関係で，引用する作品がメインとなるような場合には，適法とは認められません。つまり，引用してきた作品の価値がメインとなってしまうような場合は「引用」として適法とはならないのです。そのため，無断で本や動画をまるごとアップロードするとか，単に作品の中身を引っ張ってきただけのような行為は，たとえ明確に区別されていたり出所が明示されていたりしても「引用」と認められることはありません。

⑵ 付随対象著作物の利用（いわゆる「写り込み」著作権法30条の２）

投稿された画像や動画が自作のものであっても，そこに他人の著作物が写り込むことがあります。たとえば，キャラクターのプリントされた子供の写真や，街中で流れている音楽が録音されてしまった動画が典型です。

このような写り込みは，写り込んでしまった作品の権利者から著作権侵害の主張がなされた際に問題となります。また，反対に，画像や動画の投稿者から「写り込みにあたるので権利侵害はない」と反論されたときも問題となります。

この「写り込み」にあたる場合として適法になるのは，簡単にまとめると次の場合です[43]。

---

43 本文中は理解を助けるために簡略化した説明となっています。正確な条文は次のとおりです。
（付随対象著作物の利用）
第30条の２
1　写真の撮影，録音又は録画（以下この項において「写真の撮影等」という。）の方法によって著作物を創作するに当たつて，当該著作物（以下この条において「写真等著作物」という。）に係る写真の撮影等の対象とする事物又は音から分離することが困難であるため付随して対象となる事物又は音に係る他の著作物（当該写真等著作物における軽微な構成部分となるものに限る。以下この条において「付随対象著作物」という。）は，当該創作に伴つて複製又は翻案することができる。ただし，当該付随対象著作物の種類及び用途並びに当該複製又は翻案の態様に照らし著作権者の利益を不当に害することとなる場合は，この限りでない。
2　前項の規定により複製又は翻案された付随対象著作物は，同項に規定する写真等著作物の利用に伴つて利用することができる。ただし，当該付随対象著作物の種類及び用途並びに当該利用の態様に照らし著作権者の利益を不当に害することとなる場合は，この限りでない。

4 著作権侵害 *159*

> ① 写真の撮影または録音・録画して作られる作品であること
>
> 　写り込むことを適法にする規定ですから，写真や動画が対象となります。イラストや文章は対象外です。
>
> ② 分離が困難であること
>
> 　その作品を作るためにはどうしても他人の作品が写り込んでしまうような場合を意味します。必要性がないのにあえて他人の作品を写り込ませてしまうような場合はこれに引っかかってしまいます。
>
> ③ 写り込みの部分が軽微な構成部分であること
>
> 　他人の作品がメインとなるようなものは対象外です。
>
> ④ 他人の作品の利益を不当に害するものでないこと
>
> 　他人の作品を楽しむためにはその写り込んでしまった作品を利用すればよく，元の作品が全く売れなくなるような場合は適法にはなりません

　これらの要件が満たされれば，複製や公衆送信などを行っても適法になります。ポイントとなるのは，"写り込んだ作品の価値を利用するような使い方では適法とはならない"ということでしょう。

(3) 私的使用（著作権法30条）のための複製はどうか

　代表的な著作権制限規定として，「私的使用のための複製」があります。これは，レンタルした音楽CDなどを自身で楽しむためにコピーするような場面を適法にするものです。

　しかし，サイト管理者・サーバ管理者に対する削除・発信者情報開示請求がなされた場面で「私的使用のための複製」が問題となり得るケースは極めてまれでしょう。なぜなら，これによって適法になるのは「複製」だけだからです。ウェブサイトに掲載する形での著作権侵害が行われているときは，「複製」のみならず「公衆送信（送信可能化）」も行われています。そのため，仮に「複製」の部分が「私的使用のための複製」と認められても，「公衆送信（送信可能化）」の部分は適法にならないので，結局は著作権侵害があると判断されて

160 第4章 判断編

しまうのです[44]。

(4) 営利目的でないという主張は通るか

　著作権侵害がいわれる場面では，しばしば「他人の作品を利用したけれども，それを売って利益を得ているわけではない」などという主張がなされることがあります。しかし，インターネット上における著作物の利用に関しては，このような主張は基本的には通らないと考えてよいでしょう。著作権侵害は，権利者に財産的な損害を与えなくても成立するものだからです。

　なお，権利制限規定の中には，営利を目的としないことで適法になるとするものがあります。「営利を目的としない上演等」の場合です（著作権法38条）。

> **（営利を目的としない上演等）**
> **第38条**　公表された著作物は，営利を目的とせず，かつ，聴衆又は観衆から料金（いずれの名義をもつてするかを問わず，著作物の提供又は提示につき受ける対価をいう。以下この条において同じ。）を受けない場合には，公に上演し，演奏し，上映し，又は口述することができる。ただし，当該上演，演奏，上映又は口述について実演家又は口述を行う者に対し報酬が支払われる場合は，この限りでない。
> 2　放送される著作物は，営利を目的とせず，かつ，聴衆又は観衆から料金を受けない場合には，有線放送し，又は専ら当該放送に係る放送対象地域において受信されることを目的として自動公衆送信（送信可能化のうち，公衆の用に供されている電気通信回線に接続している自動公衆送信装置に情報を入力することによるものを含む。）を行うことができる。

44　「私的使用のための複製」が問題となり得るケースとして考えられるのは，いわゆるクラウドサービスを提供している場面です。しかし，クラウドサービスを利用してどのようなデータを複製しているかは外部には見えづらいものですから，権利者からの削除・発信者情報開示請求がなされる件数は多くはないでしょう。なお，クラウドサービスと「私的使用のための複製」が問題となったケースとして「MYUTA」事件（東京地判平成19年5月25日判タ1251号319頁）や，関連する判例として「ロクラクⅡ」事件（最判平成23年1月20日判時2103号128頁），「まねきTV」（最判平成23年1月18日判時2103号124頁）事件などがありますが，これらによっても「クラウドサービスは私的使用のための複製として適法になるか」という議論が終結しているわけではありません。

3　放送され，又は有線放送される著作物（放送される著作物が自動公衆送信される場合の当該著作物を含む。）は，営利を目的とせず，かつ，聴衆又は観衆から料金を受けない場合には，受信装置を用いて公に伝達することができる。通常の家庭用受信装置を用いてする場合も，同様とする。

4　公表された著作物（映画の著作物を除く。）は，営利を目的とせず，かつ，その複製物の貸与を受ける者から料金を受けない場合には，その複製物（映画の著作物において複製されている著作物にあっては，当該映画の著作物の複製物を除く。）の貸与により公衆に提供することができる。

5　映画フィルムその他の視聴覚資料を公衆の利用に供することを目的とする視聴覚教育施設その他の施設（営利を目的として設置されているものを除く。）で政令で定めるもの及び聴覚障害者等の福祉に関する事業を行う者で前条の政令で定めるもの（同条第2号に係るものに限り，営利を目的として当該事業を行うものを除く。）は，公表された映画の著作物を，その複製物の貸与を受ける者から料金を受けない場合には，その複製物の貸与により頒布することができる。この場合において，当該頒布を行う者は，当該映画の著作物又は当該映画の著作物において複製されている著作物につき第26条に規定する権利を有する者（第28条の規定により第26条に規定する権利と同一の権利を有する者を含む。）に相当な額の補償金を支払わなければならない。

　しかし，この規定でいう「営利」というのは，間接的な営利目的を含むものです。著作物を売ってその対価を受け取るという直接的なものだけではありません。そのため，著作物は無料で楽しめるけれども，それによってサイトのアクセスを集め，そのサイト上に貼り付けた広告から収入を得ようとする目的がある場合は，ここでいう「営利を目的としない」にあたりません。インターネット上での著作物の利用においては，この非営利目的をクリアできず，結果として著作権侵害になるという場合が多いと考えられます。

162 第4章 判断編

5 その他の権利侵害・侵害行為

1 名誉感情侵害（侮辱行為）

「バカ」「アホ」「クズ」「キチガイ」など，単純な悪口のようなものは，侮辱行為を構成します。名誉毀損における意見・論評の表明は事実を前提とするものでしたが，こちらは事実を前提としない点で違いがあります。

また，名誉毀損は社会的な評価が下がるときに成立するものでしたが，侮辱行為は名誉感情が侵害されたときに成立するものと考えられています。事実を前提とせず，社会的評価の低下はないものの，被害者の感情が害されたというケースにおいては，この名誉感情侵害の有無が検討の対象となります。

名誉感情が侵害されたかどうかは，本人の感じ方によるところが大きいものです。したがって，侮辱行為として違法になるかどうかは，「社会通念上許される限度を超える」かどうかで判断されると考えられています[45]。

そのため，「バカ」などという記載が1つあるだけでは，「社会通念上許される限度を超える」と判断される可能性は低いでしょう。「バカ」のような表現が何度も繰り返して使われたり，より下品・下劣な表現が用いられたりするときに，「社会通念上許される限度を超える」と認められることになります。

なお，名誉感情を侵害するような侮辱行為が正当化される事態はあまり想定できませんから，名誉感情侵害の判断において違法性阻却事由（正当化事由）が問題となることはほとんどないと思われます。

---

45 最判平成22年4月13日民集64巻3号758頁。

5 その他の権利侵害・侵害行為　*163*

2　営業妨害・業務妨害

　営業妨害や業務妨害という言葉はさまざまな意味で使われ，これが削除の理由になり得ることもあります。しかし，厳密な意味で営業権を侵害していることを理由に削除が認められるケースは多くありません[46]。

　営業妨害や業務妨害を削除の理由にする場合でも，実態は法人や個人，商品に対する名誉毀損（ないし信用毀損）である場合が多いものです。そのため，営業妨害・業務妨害を削除の理由としてきた削除請求については，名誉毀損が成立するかどうかを検討するほうがよい場合が少なくないでしょう。

3　氏名権（名称権）侵害

　氏名権とは，氏名を他人に冒用されない権利をいい，これを侵害されたときはその情報の削除請求ができると考えられています[47]。個人のフルネームを無断で使用された場合が典型です。ただ，氏名はプライバシー権の保護も受ける[48]ため，氏名権が単独で問題となるケースは多いとはいえません。

　問題になり得るケースとしては，会社・事業者や店舗の名称を無断で使用された場合でしょう。口コミサイトやレビューサイトに自社の掲載自体をやめてほしいと考える会社・事業者は少なくありません。

　実際，著名な口コミサイトに自社店舗の名称に掲載されたことにつき，サイト側に削除を求めた裁判が過去にありました。この裁判で，裁判所は，店舗の名称が冒用された際に削除等の請求ができるケースがあり得ることを認めまし

46　営業権に基づく差止請求を否定するものとして，東京高判平成3年12月17日判時1418号
　　121頁など。
47　最判昭和63年2月16日民集42巻2号27頁。
48　最判平成15年9月12日民集57巻8号973頁。

164 第4章 判 断 編

た[49]。しかし，「本件店舗を本件サイト内において特定したり，本件ページのガイドや口コミが本件店舗に関するものであることを示したりするために本件名称を表示しているものにすぎず，（中略）本件店舗や本件サイトの運営主体の特定や識別を困難にするものではない」ことを理由として，結論的には削除請求は認められないという判断を下しています。この判決から，単に口コミサイトに店舗名称を掲載しただけでは削除の対象とならないと判断される可能性が大きいものの，運営主体の特定や識別を困難にするなどの場合には，名称権侵害となり得ると考えることができます。

その他，過去にあった口コミサイトへの掲載削除の裁判で，口コミサイト側が削除に応じる内容の訴訟上の和解が成立したとの報道もありました。このケースは，掲載削除を求めた店舗が，看板などを設置しないいわゆる「隠れ家」を売りにした営業戦略をとっていました。しかし口コミサイトへ掲載がされたために店舗の情報が公開され，そのような営業を妨害されたというものです。

いずれにせよ，このようなケースでの権利侵害の判断の際には，名称の掲載によってどのような不利益が生じているかがポイントになると考えられます。

4 肖像権侵害

顔写真や全身が写った画像が公開される場合，肖像権ないしプライバシー権

---

49 札幌地判平成26年9月4日 「氏名は，その個人の人格の象徴であり，人格権の一内容を構成するものというべきであるから，人は，その氏名を他人に冒用されない権利を有する（最高裁判所昭和58年（オ）第1311号同63年2月16日第三小法廷判決・民集42巻2号27頁参照）ところ，これを違法に侵害された者は，加害者に対し，損害賠償を求めることができるほか，現に行われている侵害行為を排除し，又は将来生ずべき侵害を予防するため，侵害行為の差止めを求めることもできると解するのが相当である」として，法人の名称の無断使用について差止めを請求することができる場合があることを認めました。しかし，本件で争われたのは法人の名称ではなく，それとは別の「店舗名」でした。また，一般人に対してサービスを提供している以上，ある程度口コミでの評価を受けることはやむを得ないことなどを理由に，店舗名の使用に違法性はないとしています。

5 その他の権利侵害・侵害行為　*165*

侵害となり，削除等の対象となり得ます。ただ，顔写真を公開することに本人が同意しているといえる場合には，削除の対象にはなりません。たとえば，ホームページ上で公開されている顔写真や，記者会見で撮影されたものなどは，基本的に違法とはいえないでしょう。

Point　#22　リベンジポルノについて　🔍

　いわゆる「リベンジポルノ」が社会問題となったことをきっかけに，2014年，「私事性的画像記録の提供等による被害の防止に関する法律」（リベンジポルノ防止法）が成立しました。この法律は，次のような画像・動画の配信を処罰するとともに，そのような画像・動画の削除について定めています。

----

① 　性交または性交類似行為に係る人の姿態
　　　例）異性間・同性間の性交行為，手淫・口淫行為など
② 　他人が人の性器等を触る行為又は人が他人の性器等を触る行為に係る人の姿態であって性欲を興奮させ又は刺激するもの
　　　例）性器，肛門，乳首を触る行為など
③ 　衣服の全部又は一部を着けない人の姿態であって，殊更に人の性的な部位が露出され又は強調されるものであり，かつ性欲を興奮させ又は刺激するもの
　　　例）全裸又は半裸の状態で扇情的なポーズをとらせているものなど

（出所）警察庁ウェブサイト
（http://www.npa.go.jp/safetylife/seianki/shiseigazouboushi/）

　このような画像・動画について削除請求が来たときは，発信者に対して削除に同意するかどうかの意見照会を行い，意見照会到達後2日以内に削除に同意しない旨の連絡がなかったときは，削除をしても発信者への損害賠償責任は負わないとされています（4条）。

　リベンジポルノを掲載し続けることは刑事罰に問われる可能性もありますので，これに関する削除請求がなされたときは速やかに対応する必要があります。

166 第4章 判 断 編

5 パブリシティ権

　有名人の名前や顔写真については，プライバシー権や肖像権のほか，パブリシティ権が問題となります。パブリシティ権とは，氏名，肖像から生じる顧客吸引力を排他的に支配する権利をいい，主に著名人に認められるものです。パブリシティ権侵害が成立するのは，次のいずれも満たす場合と考えられています[50]。

> ① 肖像等それ自体を独立して鑑賞の対象となる商品等として使用し
> ② 商品等の差別化を図る目的で肖像等を商品等に付し
> ③ 肖像等を商品等の広告として使用するなど，もっぱら肖像等の有する顧客吸引力の利用を目的とするといえる場合

　これからもわかるとおり，有名人の写真が掲載されているからといって，ただちにパブリシティ権の侵害になるわけではありません。サイトのページビューを増やすことを目的として，勝手に有名人の画像が掲載されているような場合に，パブリシティ権を侵害していると判断され得るでしょう。

6 商標権侵害

　商標権侵害についても削除・開示請求の理由になり得るもので，テレサ協が商標権侵害についてのガイドラインも公表しています[51]。インターネット上での商標権侵害となるものとしては，偽ブランドの商品を販売するため，販売サイトにそのブランドの名称やロゴを掲載する行為や，ロゴが付された商品の画像を掲載する行為が典型です。

50　最判平成24年2月2日民集66巻2号89頁（ピンク・レディー無断写真掲載事件）。
51　http://www2.telesa.or.jp/consortium/provider/pdf/trademark_guideline_050721.pdf

　　　　　　　　　　　　　　　　　　　5　その他の権利侵害・侵害行為　*167*

　商標権侵害を考えるにあたって注意すべきことは，商品・サービスの名称や
ロゴが掲載されたからといって，ただちに商標権侵害になるわけではないとい
うことです。商標権侵害があるかどうかを判断するにあたっては，次の事項を
1つひとつ検討していく必要があります。

⑴　商標としての登録があること

　商標権侵害が成立するためには，まずはその名称やロゴが登録されていなけ
ればいけません。この登録により，どのようなものが商標として登録されてい
るか，ということのほか，誰が権利者であるか，指定商品・指定役務などがわ
かります。これらは商標権侵害の判断にとって不可欠なものですので，必ず請
求者に詳細を提示してもらう必要があります。

　なお，登録のないものについては，別途不正競争防止法違反となることがあ
ります（詳しくは後述7を参照してください）。

⑵　商標権侵害になるような使用方法であること

　登録された商標であっても，それを使用するすべての行為が商標権侵害とな
るわけではありません。商標権侵害になるような使用の仕方は，法律で定めら
れています。参考までに，以下に該当条文を掲載します。

（商標法2条3項）
3　この法律で標章について「使用」とは，次に掲げる行為をいう。
　一　商品又は商品の包装に標章を付する行為
　二　商品又は商品の包装に標章を付したものを譲渡し，引き渡し，譲渡若し
　　くは引渡しのために展示し，輸出し，輸入し，又は電気通信回線を通じて
　　提供する行為
　三　役務の提供に当たりその提供を受ける者の利用に供する物（譲渡し，又
　　は貸し渡す物を含む。以下同じ。）に標章を付する行為
　四　役務の提供に当たりその提供を受ける者の利用に供する物に標章を付し
　　たものを用いて役務を提供する行為
　五　役務の提供の用に供する物（役務の提供に当たりその提供を受ける者の

168 第4章 判 断 編

　　利用に供する物を含む。以下同じ。）に標章を付したものを役務の提供のた
　　めに展示する行為
　六　役務の提供に当たりその提供を受ける者の当該役務の提供に係る物に標
　　章を付する行為
　七　電磁的方法（電子的方法，磁気的方法その他の人の知覚によつて認識す
　　ることができない方法をいう。次号において同じ。）により行う映像面を介
　　した役務の提供に当たりその映像面に標章を表示して役務を提供する行為
　八　商品若しくは役務に関する広告，価格表若しくは取引書類に標章を付し
　　て展示し，若しくは頒布し，又はこれらを内容とする情報に標章を付して
　　電磁的方法により提供する行為
　九　音の標章にあつては，前各号に掲げるもののほか，商品の譲渡若しくは
　　引渡し又は役務の提供のために音の標章を発する行為
　十　前各号に掲げるもののほか，政令で定める行為

(注) 「標章」とは，「人の知覚によって認識することができるもののうち，文字，
図形，記号，立体的形状若しくは色彩又はこれらの結合，音その他政令で定め
るもの」をいうとされています（2条1項）。商品やサービスの名称やロゴなど
を指すと考えて差支えありません。

（商標法37条）
　二　指定商品又は指定商品若しくは指定役務に類似する商品であつて，その
　　商品又はその商品の包装に登録商標又はこれに類似する商標を付したもの
　　を譲渡，引渡し又は輸出のために所持する行為
　三　指定役務又は指定役務若しくは指定商品に類似する役務の提供に当たり
　　その提供を受ける者の利用に供する物に登録商標又はこれに類似する商標
　　を付したものを，これを用いて当該役務を提供するために所持し，又は輸
　　入する行為
　四　指定役務又は指定役務若しくは指定商品に類似する役務の提供に当たり
　　その提供を受ける者の利用に供する物に登録商標又はこれに類似する商標
　　を付したものを，これを用いて当該役務を提供させるために譲渡し，引き
　　渡し，又は譲渡若しくは引渡しのために所持し，若しくは輸入する行為
　五　指定商品若しくは指定役務又はこれらに類似する商品若しくは役務につ
　　いて登録商標又はこれに類似する商標の使用をするために登録商標又はこ

れに類似する商標を表示する物を所持する行為

六　指定商品若しくは指定役務又はこれらに類似する商品若しくは役務について登録商標又はこれに類似する商標の使用をさせるために登録商標又はこれに類似する商標を表示する物を譲渡し，引き渡し，又は譲渡若しくは引渡しのために所持する行為

七　指定商品若しくは指定役務又はこれらに類似する商品若しくは役務について登録商標又はこれに類似する商標の使用をし，又は使用をさせるために登録商標又はこれに類似する商標を表示する物を製造し，又は輸入する行為

八　登録商標又はこれに類似する商標を表示する物を製造するためにのみ用いる物を業として製造し，譲渡し，引き渡し，又は輸入する行為

　本項の冒頭で説明した，偽ブランドの商品を販売するため販売サイトにそのブランドの名称やロゴを掲載する行為は，2条3項2号に該当します。また，偽ブランドのロゴが付された商品の画像を掲載する行為は2条3項8号に該当します。

　ここでポイントとなるのは，名称やロゴの使用によって，"誰がその商品またはサービスを製造・提供する者か"ということにつき誤認や混同を生じさせるかどうかです。そのような誤認・混同がないようであれば，商標権侵害とはなりません。たとえば，口コミサイト上に，口コミの対象となる商品のロゴを掲載したとしても，商標権侵害にはなりません。口コミサイトの提供するものは，あくまで口コミの"情報"であって，商品そのものではないからです。

⑶　商標が同一または類似であり，かつ，商品・サービスが同一または類似であること

　登録された商標が同一または類似していなければ，商標権侵害とはなりません。この判断は難しいことが多く，裁判でも激しく争われる点です。一般的には，外観，称呼，観念（それぞれ見た目，呼び方，意味内容と考えればわかりやすいでしょうか）などを観察し，"誰がその商品またはサービスを製造・提供する者か"という点について誤認や混同を生じさせる場合に，同一または類似であ

170 第4章 判 断 編

ると判断されます。

また，同じような名称やロゴが使用されていたとしても，それぞれの商品や
サービスが全く違う種類のものであれば商標権侵害は成立しません。この点に
ついては，それらの商品やサービスが通常同一営業主より製造または販売され
ている等の事情から，やはり"誰がその商品またはサービスを製造・提供する
者か"という点について誤認や混同を生じさせるかどうかで判断します。

(4) 商標権侵害を阻却する事由があるかどうか

上記(1)～(3)の各事情が認められたとしても，次の各事情があれば，商標権侵
害は成立しません。

> ・正当な使用権原がある
> ・商標権の効力の制限規定（26条）に該当する
> ・特許権等との抵触（29条）がある
> ・権利濫用　　など

発信者によるこれらの主張がある場合は，違法性阻却事由の有無も検討しな
ければいけないでしょう。しかし，もとより商標権侵害の判断は専門性の高い
領域ですから，これらの点についてまで詳細に争われるケースにおいては，専
門家に相談して対応するほか，サイト・サーバ管理者側としては判断不能とし
て対応することもやむを得ない場合もあると考えられます。

7 不正競争防止法違反

不正競争防止法違反は他人の権利を侵害するものですし，また差止め（削除）
も明文で認められています（不正競争防止法3条1項）ので，これを理由として
削除・開示請求がなされることがあります。

不正競争防止法違反はさまざまな類型がありますが，インターネット上の情
報発信において問題となるのは，主に混同惹起行為，著名表示冒用行為，営業

5　その他の権利侵害・侵害行為　*171*

秘密侵害行為が考えられます。

(1) 混同惹起行為・著名表示冒用行為

　商品やサービスの名称やロゴを無断で使用した場合でも，その名称やロゴが商標登録されていなければ商標権侵害にはあたりません。しかし，登録されていなければどのように使用してもよいかというと，そうではありません。登録されていないものであっても，場合によっては不正競争防止法違反となります。

　ただ，商品やサービスの名称やロゴのすべてが不正競争防止法の保護を受けるわけではありません。その名称やロゴが「需要者の間に広く認識されている」（混同惹起行為の場合　2条1項1号）か，もしくは「著名」（著名表示冒用行為　2条1項2号）である必要があります。これらの要件はそれなりにハードルの高いものですので，サイト・サーバ管理者がこれらを理由として削除・開示請求に応じるためには，請求者から十分な資料と説明を受ける必要があるでしょう。

(2) 営業秘密侵害行為

　「営業秘密」が無断で公開された場合，不正競争防止法違反となります。そのため，会社や事業主の営業に関する情報がインターネット上に掲載されたとき，「営業秘密が公開されている」として，削除・開示請求がなされることがあります。

　もっとも，このケースで不正競争防止法違反が認められるためには，掲載された情報が不正競争防止法でいう「営業秘密」に該当しなければいけません。営業上の情報すべてが「営業秘密」に該当するわけではありませんので，この点は注意すべきでしょう。

　不正競争防止法でいう「営業秘密」に該当するためには，次の各要件のいずれにも該当する必要があると考えられています。

172 第4章 判 断 編

①	秘密管理性	秘密として管理されていること
②	有用性	事業活動にとって有用であること
③	非公知性	公然と知られていないこと

このうち最もハードルが高いのが①の秘密管理性です。過去の裁判例において，これがあるといえるためには「①当該情報にアクセスした者に当該情報が営業秘密であることを認識できるようにしていること」や，「②当該情報にアクセスできる者が制限されていること」が必要としたものがあります[52]。これによれば，「社外秘」などの表示がない情報はもとより，そのような表示があったとしても，社内の誰もがその情報にアクセスできるような状態で管理されている場合には，この秘密管理性が認められない可能性が高いといえます。

そのため，営業秘密の侵害を理由として削除・開示請求を受けたサイト・サーバ管理者としても，請求に応じるという対応をとるためには，掲載された情報が「秘密情報」にあたることについて十分な資料と説明を受ける必要があるといえます。

8 アイデンティティ権侵害（なりすまし行為）

近年，主にSNS上で他人の氏名や顔写真を無断で使用し，あたかもその人が管理使用しているかのようなアカウントを作成し，情報を発信するなどの行為が問題となっています。このような行為の権利侵害を考えるにあたっては，次のパターンに分けて考えます。

---

52 東京地判平成12年 9 月28日判タ1079号289頁。

(1) 典型的なケース

記載例8　なりすまし行為（典型的ケース）

最近の投稿

1：2016-12-28　12:30:45
今年の年収はだいたい700万円
こんなもんかな

2：2016-09-26　21:39:23
ストレスがたまりすぎて買ってきてしまった
脱法ハーブおいしいです(^q^)

プロフィール
氏名　　　○山○夫
職業　　　弁護士
登録番号　XXXXXX

3：2016-09-26　08:19:99
おはよう
今日も仕事かー
つらい

　記載例8は，まずプロフィール部分を見てみると，顔写真を無断使用しているため，肖像権の侵害になり得ます。また，「○山○夫」という氏名を使用している点で氏名権の侵害になる可能性もあります。
　次に投稿内容を見てみます。投稿1は私生活上の事実（またはそれらしくみえるもの）を公開するものですから，プライバシー権の侵害になり得ます。それに加え，投稿2については名誉毀損を構成することがあります。このなりすまし行為を行った発信者は「○山○夫は脱法ハーブを使用するような人物である」という事実を指摘していると構成することができるからです。

(2) 氏名・顔写真を使用していないケース

記載例9 なりすまし行為（氏名・顔写真を使用していないケース）

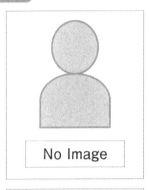

最近の投稿
1：2016-12-28　12:30:45 今年の年収はだいたい700万円 こんなもんかな
2：2016-09-26　21:39:23 ストレスがたまりすぎて買ってきてしまった 脱法ハーブおいしいです(^q^)
3：2016-09-26　08:19:99 おはよう 今日も仕事かー つらい

プロフィール

氏名　　　----（未登録）
職業　　　弁護士
登録番号　XXXXXX

　記載例9は，氏名や顔写真を使用していませんから，氏名権や肖像権侵害は成立しません。しかし，プロフィールの職業欄と登録番号から，特定性（同定可能性）は認められます。そのため，投稿1と投稿2はそれぞれプライバシー権侵害と名誉毀損を構成します。

5 その他の権利侵害・侵害行為　*175*

(3) 投稿内容に問題がないケース

記載例10　なりすまし行為（投稿内容に問題がないケース）

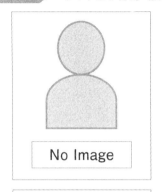

記載例10 は，職業と登録番号によって特定性（同定可能性）は認められますが，発言内容があたりさわりのないもので，また私生活を公開しているともいえませんから，名誉毀損ないしプライバシー権侵害を構成しません。つまり，従来の考え方では権利侵害がないことになり，被害者の救済がないと考えられることになります。

このような状況で，他人になりすます行為そのものを「アイデンティティ権」の侵害ととらえる考え方があります[53]。このような考え方をすれば，記載例10 のようなインターネット上の表現も違法となります。そして実際，なりすまし行為が「アイデンティティ権」の侵害となり得ることを認めた裁判例[54]も現れました。

53　「アイデンティティ権」とは，他者との関係において人格的同一性を保持する利益をいうと考えられています。
54　大阪地判平成28年2月8日2016WLJPCA02086002。

176 第4章 判 断 編

　ただ，同裁判例は，「アイデンティティ権」の侵害が成立するかどうかの「判断は慎重であるべき」とし，その事件に関しては「アイデンティティ権」が侵害されたとはいえないとしました。「アイデンティティ権」については，まだ裁判例の蓄積がなく，議論も成熟しているとはいえない状況ですから，アイデンティティ権の侵害を理由に削除・開示請求を受けたサイト管理者・サーバ管理者としても，対応は慎重にならざるを得ないように思われます。

《著者紹介》

渡 辺 泰 央（わたなべ　やすひろ）

弁護士。四谷コモンズ法律事務所代表。知的財産やインターネットに関する法律問題を中心に活動。著書に，『「ブラック企業」と呼ばせない！　労務管理・風評対策Q＆A』（共著，2016，中央経済社）

四谷コモンズ法律事務所
東京都新宿区四谷2丁目11番地　四谷エコビル3階
電話：03-6380-4677
HP：『WEBに関わる法律講座』（http://y-commons.com/）

サイト・サーバー管理者のための
削除・開示請求法的対策マニュアル

2017年3月25日　第1版第1刷発行

著　者	渡	辺	泰	央
発行者	山	本		継
発行所	㈱中 央 経 済 社			
発売元	㈱中央経済グループ パ ブ リ ッ シ ン グ			

〒101-0051　東京都千代田区神田神保町1-31-2
電話　03 (3293) 3371 (編集代表)
03 (3293) 3381 (営業代表)
http://www.chuokeizai.co.jp/

© 2017
Printed in Japan

印刷／三 英 印 刷 ㈱
製本／㈱関 川 製 本 所

＊頁の「欠落」や「順序違い」などがありましたらお取り替えいたしますので発売元までご送付ください。（送料小社負担）
ISBN978-4-502-21701-2　C3032

JCOPY〈出版者著作権管理機構委託出版物〉本書を無断で複写複製（コピー）することは，著作権法上の例外を除き，禁じられています。本書をコピーされる場合は事前に出版者著作権管理機構（JCOPY）の許諾を受けてください。
　JCOPY〈http://www.jcopy.or.jp　eメール：info@jcopy.or.jp　電話：03-3513-6969〉

◆好評書籍のご案内◆

国際法務の技法

既存の法律書籍と一線を画す内容でセンセーションを巻き起こした『法務の技法』(2014年刊)の第2弾がついに刊行！ 長年前線で活躍する著者の経験に基づく，現場で使えるノウハウや小技（こわざ）が満載。

組織力・経営力・防衛力・行動力・コミュニケーション力・英語力に分け，国際法務遂行の考え方とテクニックを余すところなく伝授。著者三名が各々の知見を縦横に語る座談会も特別収録。

A5 版 240頁
ISBN 978-4-502-19251-7

芦原　一郎
名取　勝也 [著]
松下　正

本書の内容 ………………………………………………………………

第1章 組織力アップ…コンプライアンス,Report(ing) Lineほか全8項目
第2章 経営力アップ…リスクへの関わり,海外の法律事務所ほか全8項目
第3章 防衛力アップ…賄賂対策,沈黙は危険なりほか全5項目
第4章 行動力アップ…根回し,外国人の説得,謝罪文ほか全6項目
第5章 コミュニケーション力アップ…雑談力,中国人との仕事ほか全8項目
第6章 英語力アップ…HearingよりもSpeaking,テンションほか全10項目
座談会■6つの視点で"技法"を使いこなし,国際法務の世界をサバイバル